世界一わかりやすい
SEO対策
最初に読む本

白石竜次 著

技術評論社

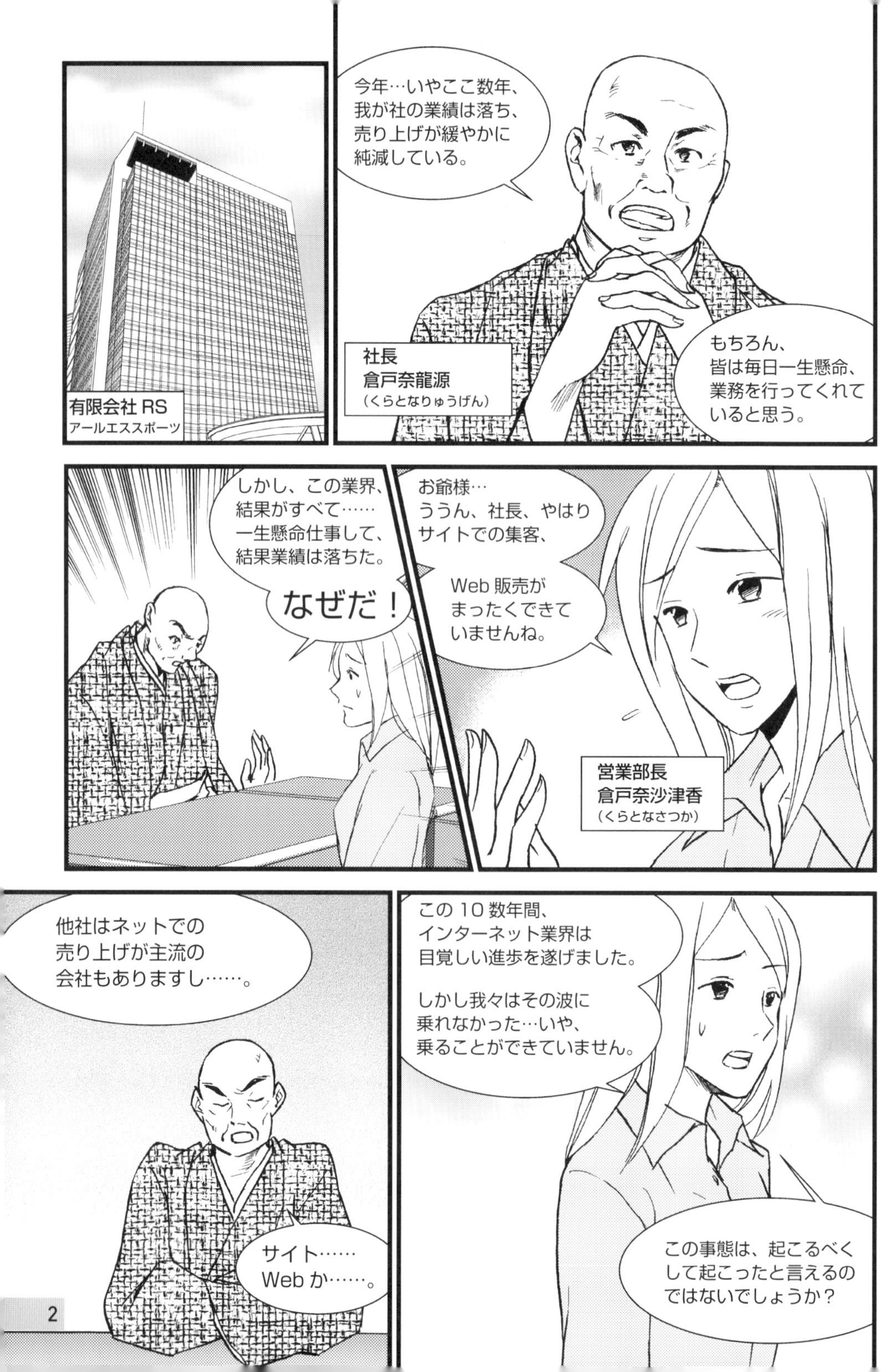

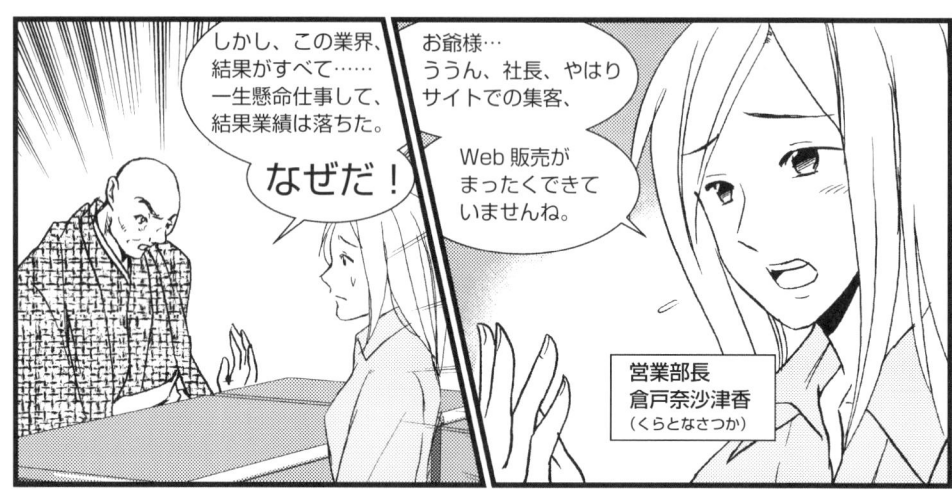

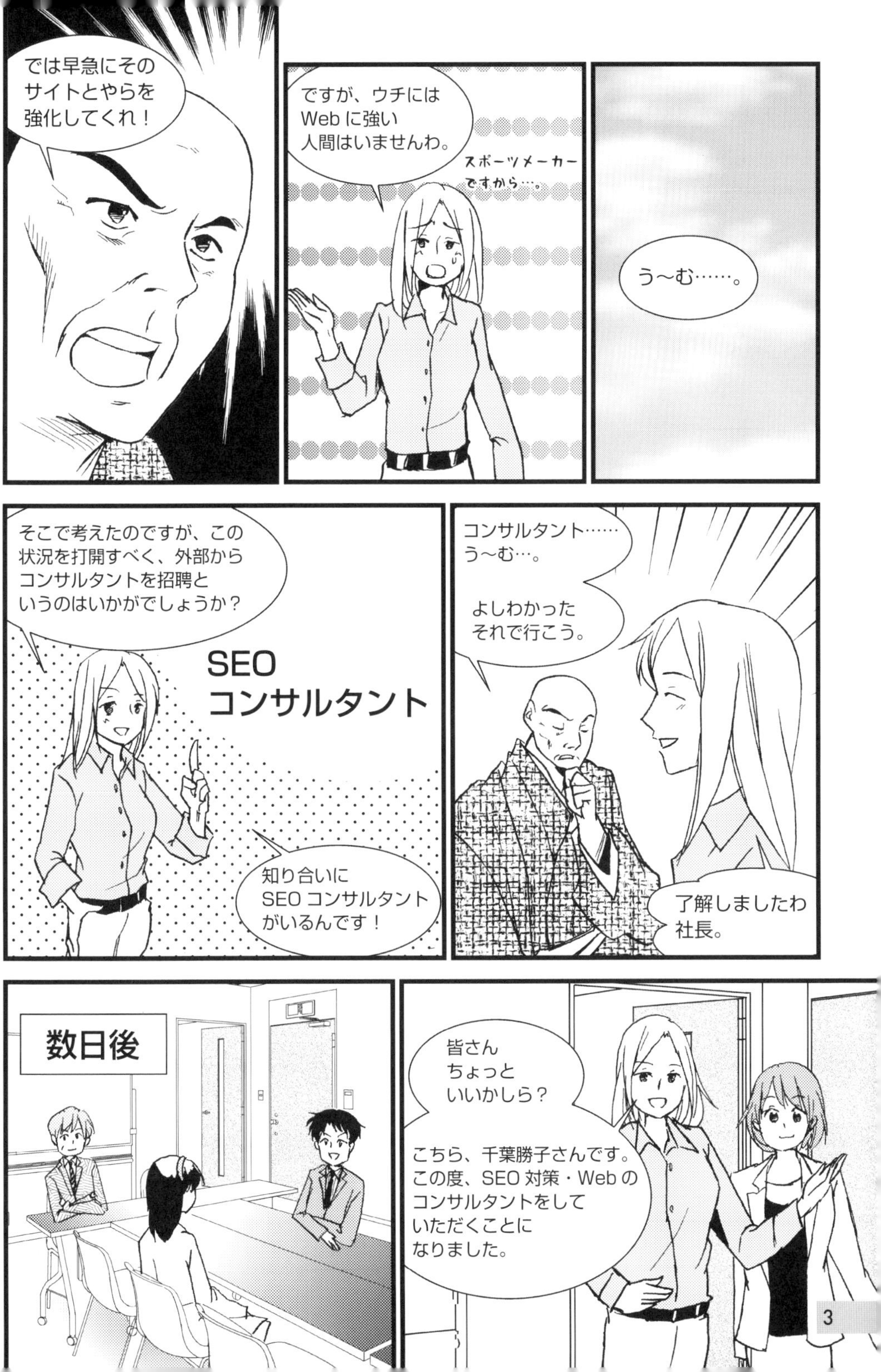

それでは、谷口さんを
Web 担当者に任命します！
よろしくね。
がくっ
パチパチ
パチ
え!?
あ…でも。
いや、俺
営業ですよ？
営業との兼任ということで…
ただ、当分はサイトの方を
最優先でお願いします。
千葉さんにいろいろ
教わってください。
千葉勝子です
よろしく！
これから SEO を
叩き込むからねっ。
はい、よろしく
お願いします！
皆さん
よろしいですか？
力を合わせて
状況を打開して
いきましょう！
はい！

登場人物紹介

千葉勝子
SEO対策コンサルタント

「SEO対策・Webコンサルタント」として数々の企業でSEO対策を行ってきた経験を持つ。今回、有限会社RSと1ヶ月間のコンサルタント契約を結び、指導にあたる。

谷口佳雄
営業部

有限会社RSの営業部員。SEO対策やWebの知識はほとんどない。千葉勝子からSEO対策やWebマーケティングを教わる。

倉戸奈龍源
社長

倉戸奈沙津香
営業部長

丸井次郎
製造部長

Contents 目次

プロローグ ………………………………………………………………………… 2
本書の使い方 ……………………………………………………………………… 10

第1章　SEO内部対策をしよう！① 〜キーワードを入れ込もう

キーワードの重要性を知ろう ………………………………………………… 18
第1回目の会議をしよう　社長を交えてSEO対策の目的を決めよう ……… 20
Section 01　サイトの現状を分析しよう ……………………………………… 22
Section 02　競合サイトを分析しよう ………………………………………… 28
Section 03　サイト全体のキーワードを考えよう …………………………… 30
Section 04　Googleキーワードプランナーを利用しよう …………………… 34
Section 05　トップページの<title>を修正しよう …………………………… 38
Section 06　トップページのサイト説明文を修正しよう …………………… 40
Section 07　トップページの本文にキーワードを入れよう ………………… 42
Section 08　トップページの画像にキーワードを入れよう ………………… 45
Section 09　ページ内の文章／キーワードを分析しよう …………………… 48
Section 10　Googleウェブマスターツールに登録しよう …………………… 50

第2章　SEO内部対策をしよう！② 〜内部リンクを張ろう

内部リンクを意識しよう ……………………………………………………… 64
第2回目の会議をしよう　サイトのイメージを考えよう …………………… 66
Section 11　サイトの構造を把握しよう ……………………………………… 68
Section 12　サイト内にテキストリンクを設置しよう ……………………… 72
Section 13　サイトマップを作成しよう ……………………………………… 76

Contents

Section 14	パンくずリストを設置しよう	82
Section 15	フッタリンクを設置しよう	84
Section 16	アクセス解析ツールを設置しよう	86
Section 17	アクセス解析ツールで分析しよう	90
Section 18	サイト全体のキーワードを見直そう	94

第3章 LPO対策をしよう！ ～ページごとに対策しよう

LPO対策について知っておこう		106
第3回目の会議をしよう 自社製品の強みを分析しよう（会社の人の協力を得る）		108
Section 19	アクセス解析ツールでサブページを分析しよう	110
Section 20	ランディングページのキーワードを考えよう	112
Section 21	ランディングページのタイトルを修正しよう	116
Section 22	ランディングページのサイト説明文を修正しよう	120
Section 23	ランディングページにメニューを追加しよう	122
Section 24	ページを増やしてLPO対策をしよう	126

第4章 SEO外部対策をしよう！ ～サテライトサイトを作ろう

外部対策とは何かを知ろう		138
第4回目の会議をしよう 外部サイトに対する社内ルールを決めよう		140
Section 25	相互リンクの申し込みをしよう	142
Section 26	被リンクの購入について考えよう	146
Section 27	サテライトサイトを作ろう	150
Section 28	サテライトブログの記事を書こう	156

Section 29	ブログからメインサイトにリンクを張ろう	160
Section 30	ブログ記事のネタを考えよう	166
Section 31	サテライトブログのSEO対策をしよう	170
Section 32	ブログ作成の注意点を知ろう	174
Section 33	ブログの運営方針を決めよう	178

第5章 コンテンツSEOをしよう！ ～ナチュラルリンクを得よう

コンテンツSEOとは何かを知ろう	188
第5回目の会議をしよう　コンテンツの内容やデザインを話し合おう	190
Section 34	ナチュラルリンクについて知ろう	192
Section 35	便利なコンテンツを作ろう	194
Section 36	希少価値の高いコンテンツを作ろう	196
Section 37	プロフィールページを充実させよう	200
Section 38	サイトデザインを工夫しよう	204
Section 39	コンテンツSEOアイデア集	206
Section 40	集客用のブログと各サービスを連携させよう	208

| エピローグ | 216 |
| SEO対策用語集 | 220 |

本書の使い方

本書では、SEO 対策の基本的な情報から、得するお役立ちテクニックまでを 1 冊にまとめました。企業や店舗の SEO 対策担当者や、これから SEO 対策を始めてみたいという方にも、わかりやすく手順を解説しています。

SECTION のタイトル
各 SECTION のテーマを表すタイトルです

強調部分
特に大事な部分は、色を変えて表現しています

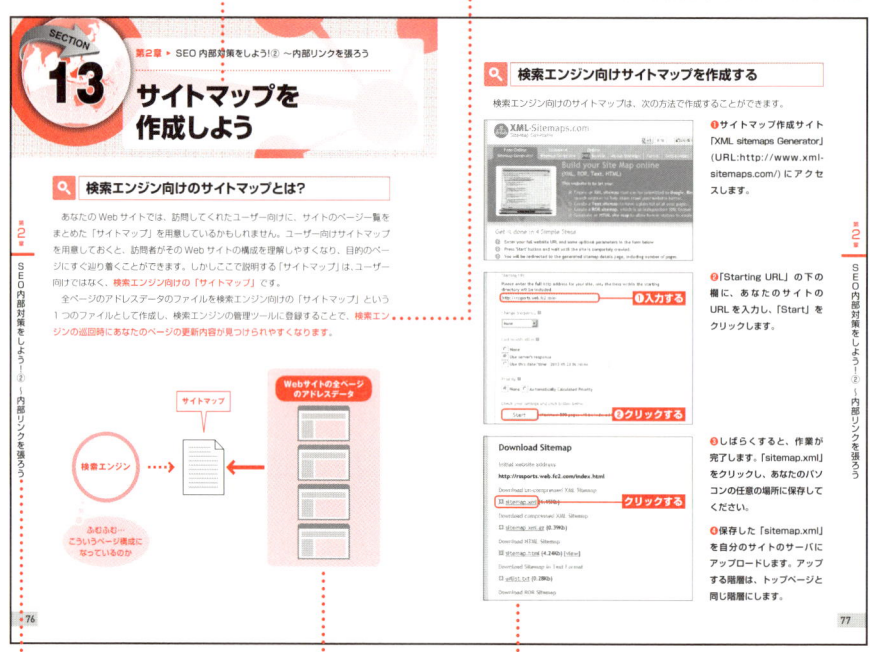

章タイトル
そのページの章タイトルが書かれています

解説
内容や手順を、図を用いて丁寧に説明してあります

■『ご注意』ご購入・ご利用の前に必ずお読みください

本書に記載された内容は、情報の提供のみを目的としています。したがって、本書を参考にした運用は、必ずご自身の責任と判断において行ってください。本書の情報に基づいた運用の結果、想定した通りの成果が得られなかったり、損害が発生しても弊社および著者はいかなる責任も負いません。

本書に記載されている情報は、特に断りが無い限り、2013 年 10 月時点での情報に基づいています。ご利用時には変更されている場合がありますので、ご注意ください。

本書は、著作権法上の保護を受けています。本書の一部あるいは全部について、いかなる方法においても無断で複写・複製することは禁じられています。

本文中に記載されている会社名、製品名などは、すべて関係各社の商標または商標登録、商品名です。なお、本文中には ™ マーク、Ⓡマークは記載しておりません。

第1章

SEO内部対策をしよう!①
～キーワードを入れ込もう

SEO対策でまず最初に行うのは「キーワードを選ぶ」ことです。あなたの会社のサイトが、どのようなキーワードで検索順位の上位に上げたいのかということを、社内で検討してください。これを「ターゲットキーワード」と言います。ターゲットキーワードが決まったら、Webページにそのキーワードを組み込んでいきましょう。

Section 01	サイトの現状を分析しよう
Section 02	競合サイトを分析しよう
Section 03	サイト全体のキーワードを考えよう
Section 04	Googleキーワードプランナーを利用しよう
Section 05	トップページの<title>を修正しよう
Section 06	トップページのサイト説明文を修正しよう
Section 07	トップページの本文にキーワードを入れよう
Section 08	トップページの画像にキーワードを入れよう
Section 09	ページ内の文章／キーワードを分析しよう
Section 10	Googleウェブマスターツールに登録しよう

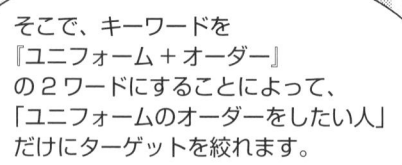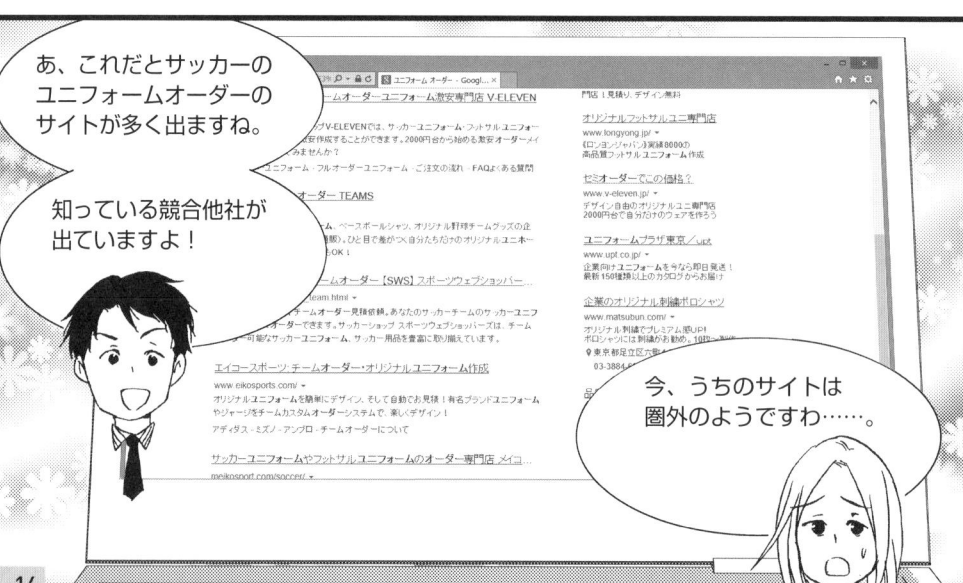

この章でやること >>>

キーワードの重要性を知ろう

> 上位表示させるキーワードを決める

まずは、これから SEO 対策を進めるにあたって、最初に行うことの流れを説明します。この章では現在のサイトを分析し、キーワードを決定します。

STEP ❶ 会社の SEO に対する認識を高める

SEO 対策についての会議を行い、会社の方（上司や同僚など）にキーワードを聞いてみましょう。SEO 対策で言う「キーワード」とは、あなたの会社のサイトが、どんな「キーワード」で Google などの検索エンジンで上位表示させたいか？というときの検索ワードのことです。

➡ P.20 参照

STEP ❷ 現在のサイトを分析する

現在のあなたの会社のサイトが、どのような SEO 対策を行っているか、あるいはいかに行われていないかを確認しましょう。

➡ P.22 参照

STEP ❸ 競合サイトを分析する

ライバル会社のサイトなど、競合サイトがどのような SEO 対策を行っているかを確認しましょう。

➡ P.28 参照

第1章 SEO内部対策をしよう！① ～キーワードを入れ込もう

STEP ❹ キーワードを考える

分析した結果を利用して、サイトのキーワード候補を考えましょう。

➡ P.30、P.34 参照

STEP ❺ トップページのタイトルと説明文を修正する

決めたキーワードに沿って、トップページのタイトルと説明文を修正しましょう。

➡ P.38、P.40 参照

STEP ❻ 文章と画像にキーワードを入れる

トップページの文章と画像に、キーワードを入れていきましょう。

➡ P.42、P.45 参照

STEP ❼ トップページを見直す

トップページの文章、キーワードを分析し、必要があれば見直しましょう。

➡ P.48 参照

STEP ❽ ウェブマスターツールに登録する

SEO 対策に便利なツール「Google ウェブマスターツール」に登録しましょう。

➡ P.50 参照

それでは、実際に SEO 対策を始めましょう！

第1回目の会議をしよう

社長を交えて SEO 対策の目的を決めよう

何のために SEO 対策をするのか？

　SEO 対策を行うにあたって、「SEO 対策」について会社に理解してもらうことと、「SEO 対策を何のために活用・利用したいか」を事前に確認しておく必要があります。この話は根本的であり重要ですので、実際の作業を始める前に社長や上司と相談するようにしてください。最初に、

「SEO 対策でどのサイトを上位表示させたいか？」

を確認しましょう。会社で複数のサイトを持っている場合、最終的には会社のサイトすべてに SEO 対策を行うべきですが、その中でも「メインサイト」に位置しているものがあれば、そのサイトに対して優先的に SEO 対策をする必要があります。
　次に、

「どんなキーワードで検索結果の上位に上げたいか」

を聞いてみましょう。例えば、サッカーのユニフォームの製作やオーダーをしている会社であれば、「サッカー」や「ユニフォーム」など、1 ワードでの有名キーワードが挙がると思います。

しかし多くの場合、1ワードで有名なキーワードは、大手企業や有名サイトがライバルで、検索順位を上げるのは困難です。とはいえ、最終的にどのキーワードにするかはこの後の分析によりますので、それはひとまず置いておきましょう。まずは会社の皆さんの希望を募り、集まった「候補のキーワード」で調査を行います。

　そして、このあと行う分析でそれぞれのキーワードの難易度を報告し、それで上司の方に納得していただけないようでしたら、ひとまずそのキーワードでSEO対策を行い、結果を見てから他のキーワードに変更したり、複数キーワードにしたりするという段階を踏むのも1つの方法です。

　最後に、SEO対策は、作業をした量に応じて検索結果の上位に上がるというわけではないことを理解してもらいましょう。多くの場合、仕事というのは、何か作業をしていれば「仕事をしている」という評価になりますが、SEO対策に関しては、例えば内部対策で作業できることは限られており、作業をしていけばいくほどやれる仕事の量は減っていきます。ですので、「他の仕事とSEO対策の仕事の配分」を上司と相談してください。

第1章 ▶ SEO内部対策をしよう！① 〜キーワードを入れ込もう

サイトの現状を分析しよう

🔍 仮のキーワードを3つの方法で調べる

　SEO対策を始めるにあたり、まずは「**キーワード**」**を決めなければなりません**。会議で上司などからキーワード候補を聞いたら、次に、会社のサイトが現状、どのような状態なのかを調べ、分析してみましょう。「会議で決まった仮のキーワード」を、以下の3つの方法で調べてみます。

❶ 候補のキーワードで検索してみる
会議で挙がったキーワードを実際に検索エンジンで検索して、自分の会社のサイトの順位がどのくらいかを調べてみましょう。

❷ キーワードツールで順位を調べてみる
無料のキーワードツールを使って、検索エンジンでの自分の会社のサイトの順位を調べてみましょう。

❸ 順位の記録を残しておく
調べた会社のサイトの順位を記録しておき、最終的なキーワードを決める際の参考にしましょう。

候補として挙がったキーワードを使って、自社のサイトがどのような状況なのかを調査してみましょう！

❶ 候補のキーワードで検索する

　会議で挙がった「会社としてこんなキーワードで上位表示させたい」というキーワードを使って、実際にGoogleなどの検索エンジンで検索してみましょう。そして、それぞれのキーワードで会社のサイトが何位に表示されるかを確認しましょう。

　現在、検索エンジンはYahoo!JAPANとGoogleがほとんどのシェアを占めています。そしてYahoo!JAPANのアルゴリズムはGoogleと同じものですから、「検索エンジン対策＝Google対策」ということになります。まずは、Googleでの検索順位を確認しておけば十分でしょう。

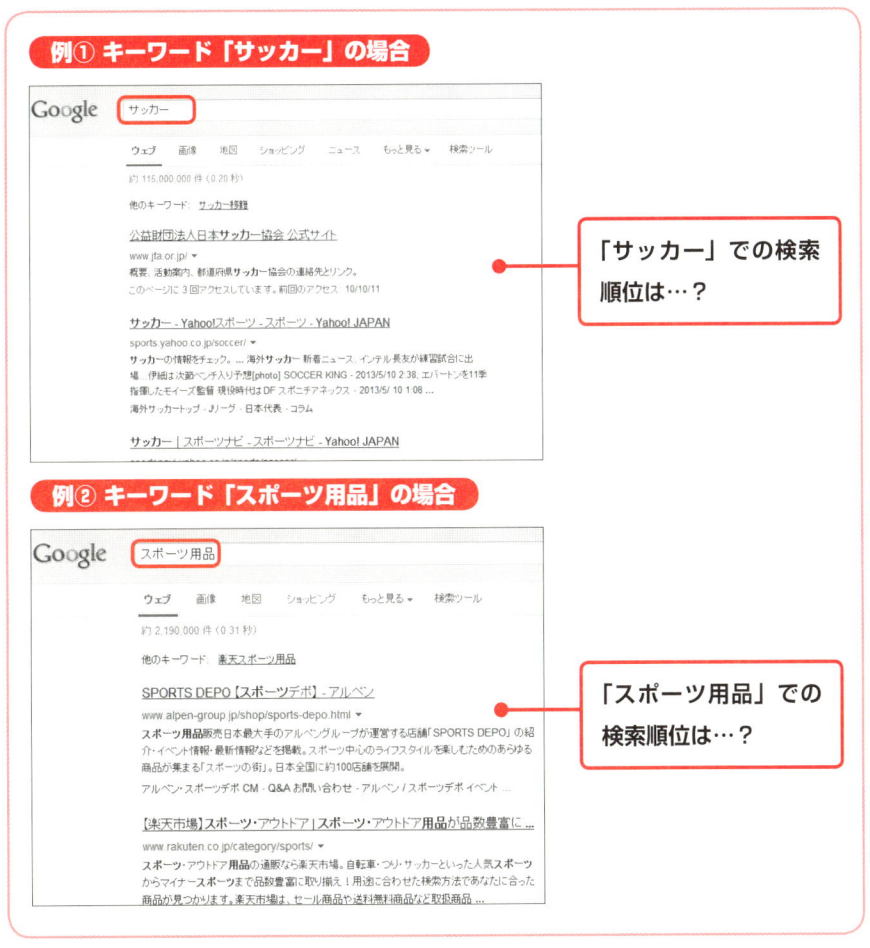

❷ キーワードツールで順位を調べる

　会社のサイトが圏外であったり、下の順位にあってなかなか見つからない場合は、**キーワードツール**を利用すると便利です。無料で使えるツールがいろいろありますので、利用してみましょう。サイトの URL と、調べたいキーワードを入力すれば順位が表示されます。

　キーワードツールで検索した結果、会社のサイトが圏外であれば、そのキーワードに対する SEO 対策がほとんど行われていないと思われます。まずは 100 位以内を目指しましょう。もし上位に表示されていれば、今後さらに SEO 対策を行っていくことで、さらに上位に表示される可能性がでてきます。

　注意点として、キーワードツールの結果は、厳密に正しい順位ではありません。ツールによって順位表示が違ったりしますので、複数のツールで調べたり、あくまで「参考」という認識にしてください。それでも同じツールを使い続けることによって「順位の推移を調査する」ことが可能です。

例 1
①キーワード検索してみる
▼
②検索結果「圏外」だった
▼
③分析…「SEO 対策できていない！」
▼
④目標…「100 位以内」

例 2
①キーワード検索してみる
▼
②検索結果「33 位」だった
▼
③分析…「このままさらに SEO 対策」
▼
④目標…「10 位以内を目指す！」

次ページのキーワードツールでさっそく調べてみよう！

以下に、便利なキーワードツールを紹介します。ツールでは検索順位の他に様々な情報が得られます。Dipperでは「検索結果数」「ページランク」「インデックス」など、SEO TOOLSでは「検索結果件数」や「評価」などの情報が入手できます。「検索結果数」「検索結果件数」というのは、そのキーワードで検索した場合に、どれだけのサイトが表示されるのかという数です。数が多ければ、それだけ競合サイトの数が多いということになります。

≫ Dipper

URL http://dipper.septeni.co.jp/

サイトのSEO診断ができるツールです。URLとキーワードを入力するだけで、検索順位や検索結果数、ページランクの確認、キーワード出現数、ドメイン取得時期などの情報を調べることができます。

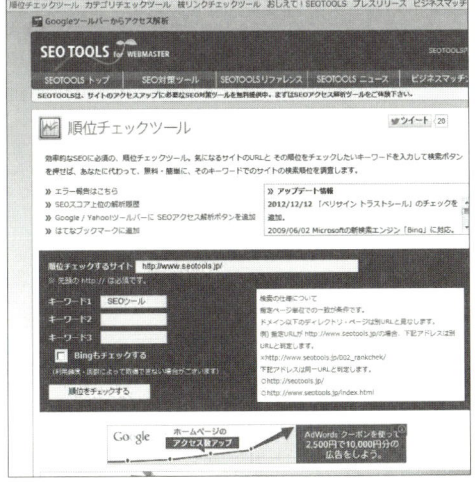

≫ SEO TOOLS

URL http://www.seotools.jp/002_rankcheck/

効率的なSEOに必須の、順位チェックツールです。サイトのURLと順位をチェックしたいキーワードを入力すれば、無料かつ簡単に、そのキーワードでのサイトの検索順位を調査できます。

❸ 順位の記録を残す

これから SEO 対策を行っていくにあたって、前ページまでで調べた検索順位を記録しておきましょう。まずは「SEO 対策を始める前の順位」を記録することから始めて、日々順位をつけていきましょう。これは上司の方などに対して「SEO 対策を行ってどのくらい順位が上がったか」を報告するための指標となります。

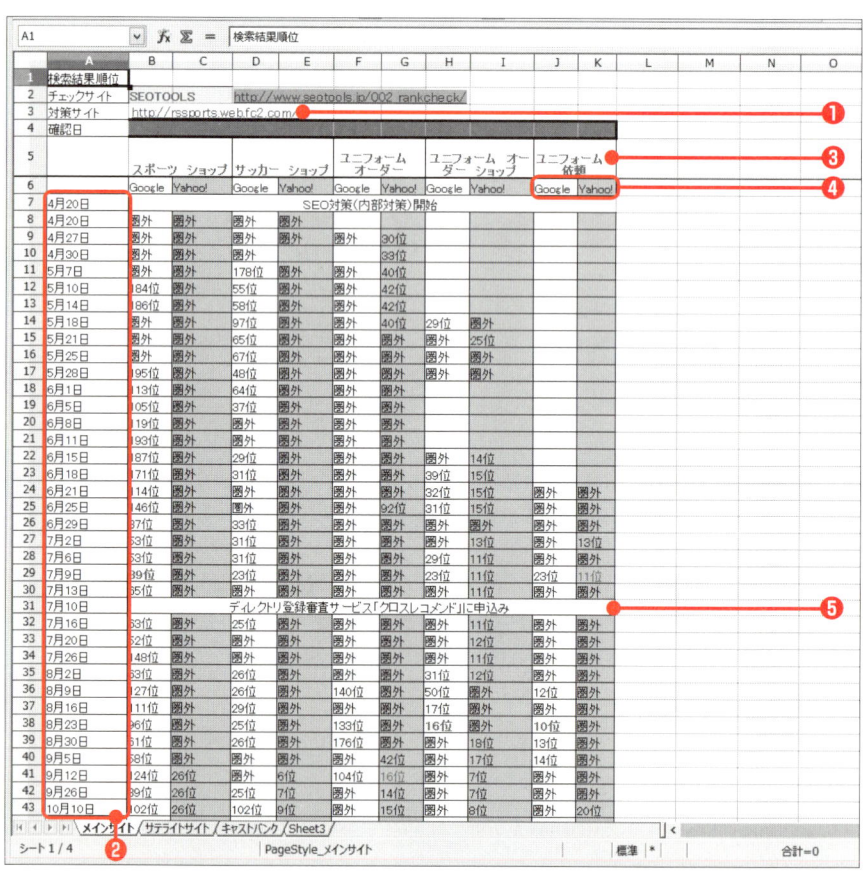

▲ Excel などに順位を記録しておくとよいでしょう

SEO 対策を行い、その効果がどのように表れたかをデータに残すことは重要なことです。上の Excel ファイルは私が実際に記録していたものです。あまり見栄えはよくありませんが、最低限の情報を記録していました。これを参考にして、あなたなりの記録を作っていただければと思います。

❶ 対策サイト

確認するサイトの情報を書いておきます（例：「サイト名」と「URL」など）。基本的にはトップページの URL になります。Excel は、アドレスからリンクする機能があって便利です。

❷ 確認日

これはキーワードツールで確認した日付になります。この例では検索結果の順位のみを記録していますが、アクセス数も同時に記録すると、よりよいデータとなります。

❸ キーワード

これはターゲットのキーワードです。サイトとして設定しているキーワードを記録しますが、もし余裕があればそのキーワードの関連キーワードも調べておくとよいでしょう。例えばビッグワードとそのスモールワード（例：「サッカー＋ユニフォーム」）の2つがターゲットキーワードの場合、「サッカー」というビッグワード1つのみの場合や「サッカー＋ユニフォーム＋浦和」というさらなるスモールワードの場合の順位も調べておくとよいでしょう。効果に応じてターゲットキーワードを変えたり、会社の方針（戦略）が変わったりしたときの、よい参考データになります。

❹ 検索エンジン

調査する検索エンジンを記載します。もし余裕があるようでしたら、Bing などもツールによっては調査できますので、記録しておくとよいでしょう。

❺ 記録

SEO 対策を日々行っていると、様々な変化があります。その出来事と順位の変動を照らし合せてみることで、より深く分析することができます。またアクシデント（ペナルティなど）があった場合の解決のヒント、あるいは順位が上がった場合の効果の参考にもなります。できるだけメモしておいたほうがよいでしょう。

> **例**
> ・Google のアップデートが行われた
> ・被リンクを増やした（増えた）
> ・有名サイトに紹介された
> ・トップページの内部対策をした

第1章 ▶ SEO内部対策をしよう！① 〜キーワードを入れ込もう

競合サイトを分析しよう

🔍 自分の会社以外のサイトを分析する

　自分の会社のサイトを分析したら、次に同業者、ライバル会社のサイトを調べてみましょう。これには2つのステップがあります。

❶ ライバル会社のサイトのキーワードをチェックする

　ライバル会社のサイトのページで右クリックをして、「ソースの表示」を選択します。表示されるソースコードの「meta name="keywords"」と「<title>」の部分を見てみましょう。同業者、ライバル会社がもしSEO対策をしていれば、ターゲットとなるキーワードが入っているはずです。

　参考にするポイントとしては、例えば、ライバル会社のサービス内容・サイト内容などがあなたの会社のサイトとかなり似ているようであれば、その**ライバルサイトと同じキーワードを使うというのも1つの手段**でしょう。また逆に、ライバル会社との競合を避けるために、あえてそのキーワードを使わないという考え方もできます。

ライバルサイトの例

「ユニフォーム」関連のライバルサイトの場合

<title> ユニフォーム .net </title>

<title> 激安ユニフォームのユニフォーム屋さん </title>

<title> ユニフォーム最大40% OFF のユニフォームコム </title>

など

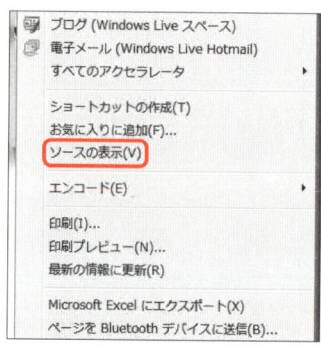

▲ライバル会社のサイトのページで右クリックをして、「ソースの表示」を選択すると、ソースコードを見ることができます

❷ キーワード候補で表示されるサイトをチェックする

次に、自分の会社のキーワード候補で検索した場合に、どんな競合サイトが表示されるかを調べてみましょう。いくつかの検索エンジンで入力して、自分の会社の業務、サービスに近いサイトが表示されれば、そのキーワードで検索しているユーザーのニーズと、自分の会社の内容がマッチしていることになります。結果、そのキーワードは有力候補となります。反対に、関係ないサイトが多数出てくるようであれば、そのキーワードの使用を避けたほうがよいかもしれません。

例① キーワード「ユニフォーム」をGoogleで検索した場合

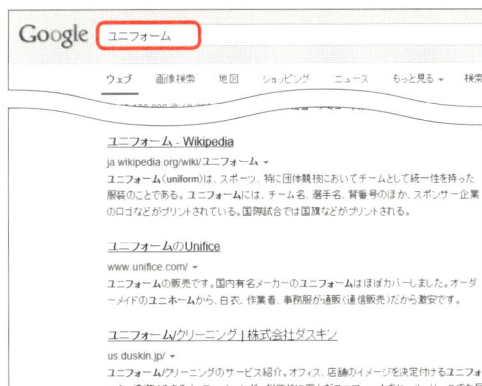

「ユニフォーム」の言葉の意味について説明しているWikipediaなどのサイトや、作業着や白衣などの広い意味の「ユニフォーム」を扱っているサイトなど、自社のサービスとは異なるサイトが上位表示されます。

例② キーワード「ユニフォーム　オーダー」をGoogleで検索した場合

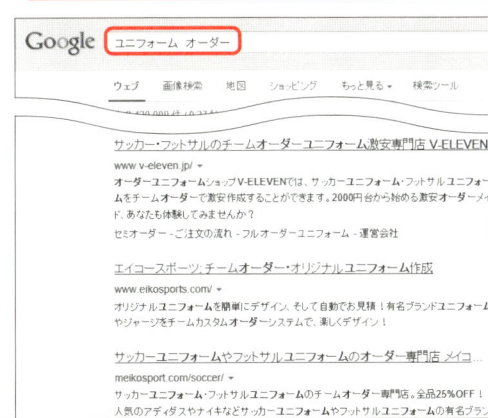

「サッカー」や「野球」のユニフォームを取り扱っているサイトが上位に表示されます。これにより、サッカーのユニフォームオーダーを取り扱っているサイトは、「ユニフォーム　オーダー」の方が関連性が高いことがわかります。

第1章 ▶ SEO内部対策をしよう！① ～キーワードを入れ込もう

サイト全体の
キーワードを考えよう

🔍 最も重要なキーワード選び

　会議でキーワード候補をいくつか選び出し、自社サイトとライバル会社のサイトを調査したところで、いよいよ本格的にサイトのキーワードを考えていきましょう。いくつか挙がった仮のキーワードで調査した結果、違うキーワードに変える必要があるかもしれません。ありがちな誤った例として、「会社名で上位表示したい」という話があります。

例
キーワード「有限会社アールエススポーツ」

　これは誤った考え方です。会社名で検索するのは、すでにその会社を知っている人で、すでにその会社のお客様である可能性が高いです。**あなたの会社がまだ有名でなく、新規顧客を獲得したいのであれば、会社名をキーワードにすることは有益ではありません。**

　大きな企業などではCMなどから企業名を検索し、商品を購入するという流れも考えられますが、今回の例に挙げた「有限会社アールエススポーツ」は無名の小さな会社です。会社名で検索する人はほとんどいないでしょう。

会社名での検索はNGか…。
それじゃあどんなキーワードが
適切なんだろう？

複数キーワードとニッチキーワード

　というわけで、会社名での上位表示を目指すことは適切ではありません。では、どのようなキーワードがよいのでしょうか？　例えば商品を販売するサイトであれば「販売している商品のキーワード」、サービスを提供しているサイトであれば「サービスのキーワード」がよいでしょう。

　ただし、キーワードによっては競合サイトの力が大き過ぎて、到底かなわない場合があります。そういった場合の提案として、**複数キーワード**にしたり、**地域名やブランド名を入れるなどしてニッチなキーワード**にする方法があります。

複数キーワード・2ワードの例

- ユニフォーム製作のスポーツメーカーなら…
「ユニフォーム」「サッカー」

- 旅行代理店なら…
「旅行」「国内」

- 歯医者さんなら…
「歯科」「矯正」

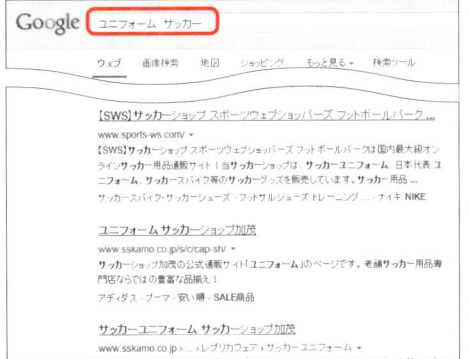

複数キーワード・3ワードの例

- ユニフォーム製作のスポーツメーカーなら…
「ユニフォーム」「サッカー」「オーダー」

- 旅行代理店なら…
「旅行」「国内」「格安」

- 歯医者さんなら…
「歯科」「矯正」「審美」

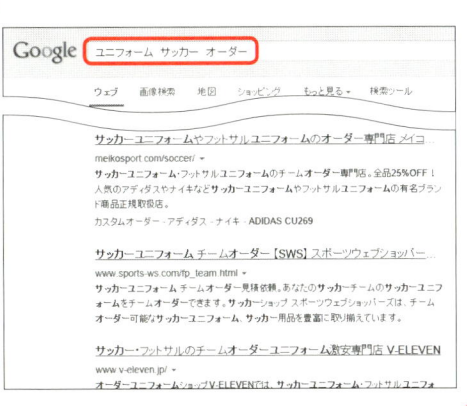

また、2ワード、3ワードからさらにキーワードを増やして4ワード以上にする方法もあります。

> **複数キーワード・4ワード以上の例 ①**
>
> 「サッカー」+「ユニフォーム」+「オーダー」+「激安」
> ▲ビッグキーワードとミドルキーワードで構成されていますが、数を増やすことによって競合を減らします。

> **複数キーワード・4ワード以上の例 ②**
>
> 「ユニフォーム」+「サッカー」+「オーダー」+「川口」
> ▲ビッグキーワードとミドルキーワードで構成されていますが、店舗のある地域名を入れることによって競合を減らします。ただし、有名スポーツチームのある地域などの場合は、競合がたくさんあるので注意が必要です。

ニッチキーワードの例としては、次のようなものが考えられます。

> **ニッチキーワードの例**
>
> ●ユニフォーム製作のスポーツメーカーなら…「ユニフォーム」「アディダス」
> 　　　　　　　　　　　　　　　　　　　　「ユニフォーム」「刺繍」
> ●旅行代理店なら……………………………「旅行」「北海道」
> ●歯医者さんなら……………………………「歯科」「渋谷区」

また次ページの例のように、すでに**上位表示されているキーワードがあった場合、そのキーワードは第一候補です**。それを無理に変えてしまうのはもったいないです。その場合は上位表示されているキーワードを軸に、その他のキーワードを考えていきます。**どのキーワードも下位や圏外の場合は、全面的な見直しが必要**ということです。

例①

「ユニフォーム」で15位だった
▲そのまま「ユニフォーム」をターゲットのキーワードにします。

例②

「ユニフォーム」で圏外
「ユニフォーム」「オーダー」で圏外
「ユニフォーム」「アディダス」で圏外
▲「ユニフォーム」を保留とし、他のキーワード調査を進めます。

「ニッチキーワード」や複数キーワードを用いることによって、ユーザーを絞り込んでいくことができるの。それによって、SEO対策による効果をより効率的にしていくことができるのよ！

会社の関連商品や地域をキーワードに組み込むことで、狙ったユーザーにサイトを見つけてもらいやすくなるんですね！

 慎重になり過ぎる必要はありません！

　競合が多いからといって、あまり神経質になってニッチへニッチへと進む必要はありません。「LPO」（第3章参照）と言って、ページごとにキーワードを変えてSEO対策をする方法もあります。それにより、個別の商品名でのSEO対策が可能になります。トップページではニッチになり過ぎず、各ページでニッチへ進むということも可能なのです。

第1章 ▶ SEO内部対策をしよう！① 〜キーワードを入れ込もう

Google キーワードプランナーを利用しよう

🔍 Google キーワードプランナーでリサーチする

　サイト全体のキーワードを絞り込めたら、「Google キーワードプランナー」を利用してそのキーワードの詳細な情報を調べてみましょう。

❶ Google アカウントにログインし、「Google キーワードプランナー」(https://adwords.google.co.jp/ko/KeywordPlanner/Home?__o=kta) にアクセスして、「新しいキーワードと広告グループの候補を検索」をクリックします。

❷「宣伝する商品やサービス」の下の入力欄に、調べたいキーワードを入力します。キーワードが2つ以上ある場合は、それぞれ改行して入力を行います。

❸「候補を取得」をクリックします。

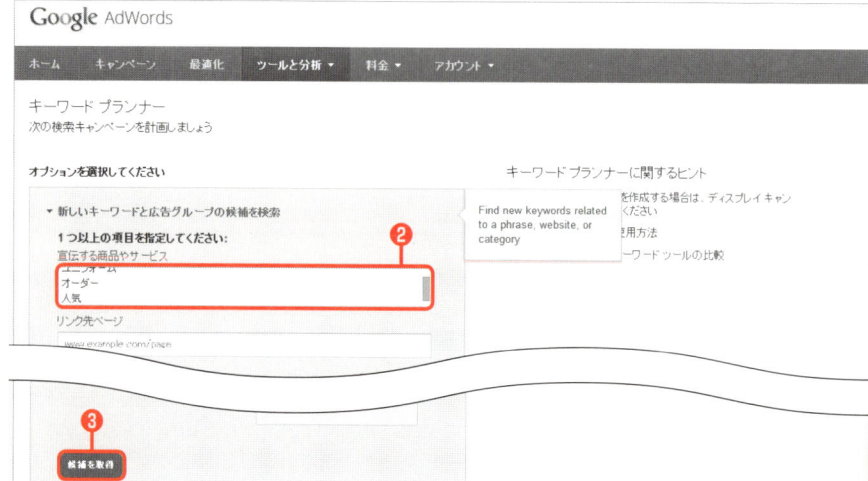

❹入力した「キーワード」の詳細な情報が表示されます。

> ツールでは、関連性の高いキーワードや、検索の多いキーワードが表示されます。その中から、サイトのアクセスやコンバージョンを高めるキーワードを選ぶ必要があります。自分のサイトの内容、ターゲットをよく考え、キーワードを選びましょう。

第1章 SEO内部対策をしよう！① ～キーワードを入れ込もう

Googleキーワードプランナーでは、次のような情報を知ることができます。

キーワード		月間平均検索ボリューム ❷	競合性 ❶	推奨入札単価	広告インプレッションシェア	プランに
サッカー ユニフォーム, サッ...	⌐	25,910	高	¥97	0%	»
サッカー ユニフォーム 激安, ...	⌐	4,060	高	¥97	0%	»
フットサル ユニフォーム オー...	⌐	18,600	高	¥64	0%	»
日本代表 サッカー ユニフォ...	⌐	2,140	高	¥28	0%	»
サッカー ユニホーム オーダ...	⌐	1,580	高	¥50	0%	»
サッカー ユニフォーム 代表, ...	⌐	990	高	¥34	0%	»
ドイツ アウェイ ユニフォーム, ...	⌐	340	高	¥37	0%	»
ローマ ユニフォーム, アルゼ...	⌐	3,410	高	¥39	0%	»
人気, ユニフォーム, オーダ...	⌐	24,230	中	¥182	0%	»

❶ 競合性

キーワードに対して、他のサイトとどの程度競合しているかが「高」「中」「低」で表示されます。競合性は、当然低いほうが有利です。

❷ 月間平均検索ボリューム

国または言語を指定して検索した場合の、過去12か月のその国と言語でのおおよその月間平均検索数です。

　まずは「競合性」が低いもので、かつ「月間平均検索ボリューム」の多いものがあるかどうか探してみましょう。すべて高いものがあれば、キーワードの有力候補です。そのキーワードが会社として使用可能かどうか、ターゲットとして使えるかどうかを検討してください。もし会社の目的に合わないようなら、会社のサービス内容に合ったキーワードを一覧の中から探してください。

検索例からイメージを連想する

　Googleキーワードプランナーを使って検索すると、入力したキーワードを含む複数キーワードでの検索例とそのデータが表示されます。例えば「旅行」で検索した場合、「国内旅行　格安　ツアー」「北海道旅行　格安　２泊３日」「海外　旅行　ランキング」などが表示されます。それらの例から、ユーザーがどのようなキーワードで検索しているのか、イメージを膨らませてください。それによって、思いもよらなかったキーワードが見つかるかもしれません。これらのデータを考慮して、「キーワードをどれにするか」「どの組み合わせにするか」を決めてください。

▲関連性の高い順に様々なキーワードが表示されます

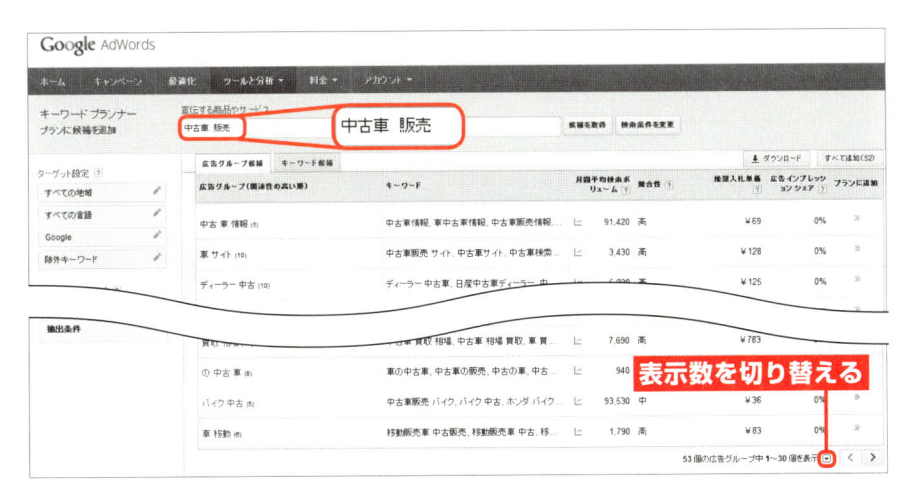

▲表示は下のプルダウンにより表示数が切り替えられます

SECTION 05

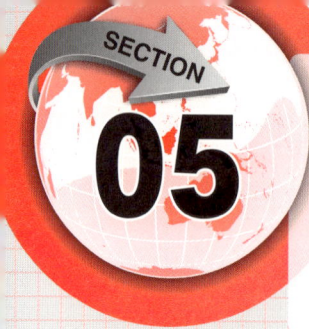

第1章 ▶ SEO内部対策をしよう！① 〜キーワードを入れ込もう

トップページの <title> を修正しよう

🔍 サイトの内容を表すのが <title>

　トップページのキーワードを決めたら、ここからはいよいよ、そのキーワードを使ってサイトの修正を行っていきましょう。特にトップページの <title> は、SEO 対策として非常に重要で、効果が出やすい場所です。検索エンジンの立場からすると、サイトの内容をもっともよく表現しているのが <title> なのです。そのため、**会議と分析の結果決定したキーワードをトップページの <title> に入れることで、検索エンジンに見つけてもらいやすくなります**。また、ユーザーの検索結果の画面に表示されるのも、<title> の文言です。

　<title> に入れる文言は、次のようなステップで考えていきます。

❶ そのページ（サイト）の内容をわかりやすく表現する

まず最初に、そのサイト、そのページの内容をタイトルにします。

> **例**
> 有限会社アールエスのホームページ

❷ ターゲットとするキーワードを入れる

その上で、決めたキーワードをタイトルの中に挿入します。このとき、文章が不自然にならないように注意してください。難しい場合は「○○｜○○」のように区切って記載する方法もありますが、あくまでも自然な文章にすることをお勧めします。

> **例**
> サッカーユニフォームオーダーの有限会社アールエスのホームページ

❸ 魅力的な文章・コピーにする

いくらキーワードをうまく入れても、検索結果に表示されたときにユーザーにクリックされなくては意味がありません。最後に魅力的なコピー、ユニークな文章になるように工夫してください。

> **例**
>
> サッカーのユニフォームオーダーが激安の有限会社アールエス

🔍 トップページの＜title＞を修正する

＜title＞に入れる文言を考えたら、トップページのHTMLファイルを開いて、＜title＞タグを修正します。＜title＞タグは通常、HTMLファイルの上の方にあります。

> **例**
>
> スポーツメーカー「有限会社アールエス」、ターゲットとなるキーワードが「ユニフォーム」「オーダー」の場合
>
> ▼
>
> **title 例 ①**
>
> <title>サッカーのユニフォームオーダーの有限会社アールエス</title>
>
> ▲社名にキーワードを追加しています。
>
> **title 例 ②**
>
> <title>サッカーのユニフォームオーダー.com</title>
>
> ▲キーワードを含めたサイト名に変更しています。
>
> **title 例 ③**
>
> <title>サッカーのユニフォームオーダー.com｜有限会社アールエス</title>
>
> ▲サイト名と会社名を｜で区切って別々に表記します。
>
> **title 例 ④**
>
> <title>ユニフォームが最大40％OFFのユニフォームオーダー.com｜有限会社アールエス</title>
>
> ▲アピールコメントを表記します。

SECTION 06

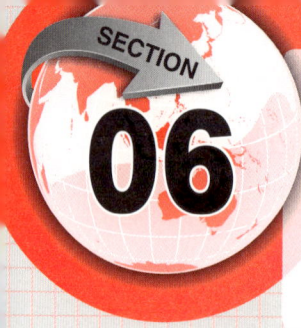

第1章 ▶ SEO内部対策をしよう！① ～キーワードを入れ込もう

トップページのサイト説明文を修正しよう

🔍 検索結果画面に表示されるサイト説明文

　トップページの**サイト説明文（ディスクリプション）**を修正しましょう。サイト説明文は、Googleなどの検索結果画面で、サイトタイトルの下に表示される文章のことです。ここに、**効果的なキーワードを入れてください。**

　せっかく検索結果で上位表示されても、お客様にクリックされなければ集客にはなりません。ディスクリプションには、お客様にクリックされる文章を考えましょう。サイトの文章については、実際に商品を扱っている現場の方々が一番上手く書けると思いますので、会社の皆さんの協力を仰ぎつつ作成していきましょう。

　ただし、必ずしもディスクリプションに入れた文章が検索結果に表示されるというわけではないようです。その原因については解明されていません。

▲これは「ユニフォーム＋オーダー」の検索結果の画面です。サイト説明文に検索されたキーワードがあると太字で表示され、「このサイトが検索キーワードに合ったサイトである」という印象を与えます

トップページのディスクリプションを修正する

　トップページの HTML ファイルを開き、<meta name="description" content="☆☆" /> の☆☆の部分を修正します。仮に、SEO 対策をしていないタグがこれだとします。

> **例① SEO 対策をしていないディスクリプション**
>
> <meta name="description" content=" 有限会社アールエスです。" />

　そこで、新たに考えたキーワード（ここでは仮に「ユニフォーム　オーダー」とします）を入れつつ、お客様にクリックしてもらえるような文章を作成します。文章の長さは不自然に長過ぎないようにしましょう。目安として、全角 50 文字くらいでしょうか。

> **例② SEO 対策をしたディスクリプション**
>
> <meta name="description" content=" サッカー・フットサルのユニフォームオーダーならユニフォームオーダー .com へ！サッカー・フットサルのオリジナルユニフォームを製作できます。お問合せ・お見積もりは無料です。" />

> サイト説明文にはキーワードを盛り込むだけではなくて、検索した人がクリックしてくれるような文章にする必要があるのよ。

> そうか、せっかく上位表示されてもクリックしてもらえなければ売り上げにはつながりませんからね。社内でよく相談してから、文章を作成することにします！

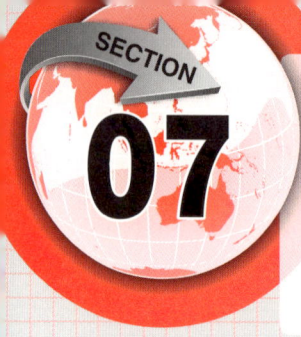

第1章 ▶ SEO内部対策をしよう！① 〜キーワードを入れ込もう

SECTION 07
トップページの本文にキーワードを入れよう

🔍 トップページの本文にキーワードを入れる

　SEO対策で効果を上げるには、サイトに関連するキーワードが、ページの中にテキスト（文字情報）として入っていることが大切です。そこで**トップページの本文に、キーワードが含まれるようにしましょう**。あなたの会社のサイトにとって重要な「キーワード」や、「キーワードに関連する用語」を含めながら、会社や商品の説明、更新情報などを入れていきます。

　注意点は、キーワード同士を近接して入れないことです。キーワードがあまりに近接していると、ペナルティになってしまう恐れがあります。例えば「ユニフォームオーダー.comへようこそ！ユニフォームオーダーのことならご相談ください。ユニフォームオーダーは自信を持って製作致します」……といった例は、「ユニフォームオーダー」というキーワードを詰め込み過ぎです。

キーワード挿入前

●ユニフォーム販売
各クラブチーム、代表のユニフォームを販売しております。

▼

キーワード挿入後

●ユニフォーム販売
バルセロナ、マンチェスター・ユナイテッド、チェルシー、レアル・マドリード、リバプール、ボカ・ジュニオルズなどの各クラブチームや、アルゼンチン、日本、スペイン、イングランド、オランダ、フランス、ドイツなど各国代表のユニフォームを販売しております。

重要なキーワードを強調する

キーワードを適度に含むトップページが完成したら、<h1> タグや <strong> タグで**キーワードを強調**しましょう。

<h> タグは、h1 〜 h6 まである見出しを意味する HTML タグです。数字が小さくなるほど大きな見出しを意味し、<h1> は最も大きな見出しになります。<h1> タグで指定したキーワードは、見た目のサイズが大きくなるだけでなく、検索エンジンからも重要なキーワードと見なされます。

また <strong> タグは、文中のキーワードを強調するために用いるタグです。<strong> タグで指定したキーワードは、画面上では太字表示になります。現在では、<h1> タグも <strong> タグも SEO の効果はほとんどないという説もありますが、念のため指定しておくとよいでしょう。強調したいキーワードは、<body> タグの近くに配置すると効果的、とも言われています。

なお、<h1> タグへのキーワードの詰め込み過ぎは、ペナルティになる恐れがありますので注意してください。

<h1>タグの例

```
<div id="header"><h1>ユニフォームオーダー.com へようこそ！</h1></div>
```

▲見出しに<h1>タグを指定しました。

<strong>タグの例

```
<p>サッカー、フットサルの<strong>ユニフォームをオーダー</strong>で作成いたします。</p>
```

▲重要なキーワードに <strong> タグを指定しました。

> SEO 効果が薄い可能性もありますが、訪問者に対しての見た目としての効果はあるので、<h1> や <strong> タグでぜひとも強調指定しておきましょう！

🔍 <h1>タグの文字の大きさについて

　<h1>タグを使うと、文字が大きく表示されます。かなり大きくなってしまうため、デザイン的によろしくありません。それを避けるために、CSS（スタイルシート）を使うことで**文字サイズを調節する**、という方法があります。以下は、<h2>タグをCSSによって10pxに小さくした例です。

HTML

<h1>ユニフォームオーダー.com お勧めのサービス </h1>

CSS

```
}h2{
font-size: 10px;
```

▲ h1タグで指定した文字をCSSでサイズ調整した例

SECTION 08

第1章 ▶ SEO内部対策をしよう！① 〜キーワードを入れ込もう

トップページの画像にキーワードを入れよう

画像にもキーワードを入れる

　SEO対策で効果を上げるには、サイトに関連するキーワードをテキスト（文字情報）として入れることが必要です。それは、本文だけでなく、画像も同様です。ここでは、**画像のalt属性に、画像の説明を入れる**方法を解説します。

　また、画像だけのトップページはできるだけ避けましょう。SEO対策の目的は、まず第一に、あなたのサイトのトップページを希望のキーワードで上位表示させることです。画像やFlashだけで構成されているトップページにはキーワードが含まれないため、SEO的にはよくありません。

　SEO的に優れているトップページは、検索エンジンが認識できるよう、重要なキーワードが文字情報として含まれているトップページです。上司と相談して、トップページにはなるべくテキストを入れるようにしましょう。

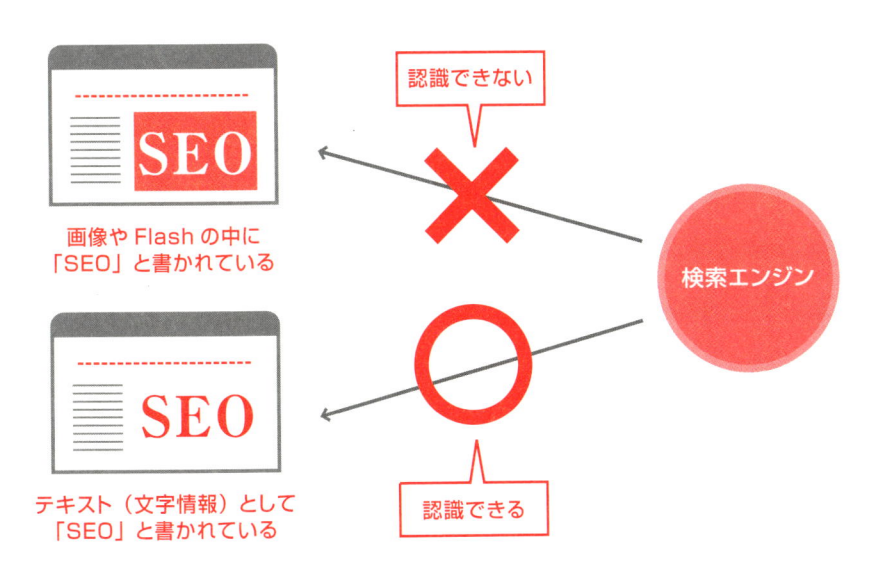

認識できない

画像やFlashの中に「SEO」と書かれている

検索エンジン

テキスト（文字情報）として「SEO」と書かれている

認識できる

悪い例

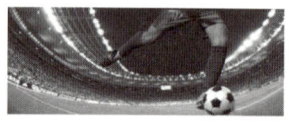

よくありがちな「絵や写真、サイトのロゴ」があり、「Enter」や認証リンクがあるパターンです。

このようなページのソースにはテキストがほとんどなく、検索エンジンがソースを見ると、「全然情報がない」ページになってしまいます。

よい例

適度に文章が含まれています。例えば、「サイトの説明」や「更新情報」などの文章を入れて、その中にキーワードを入れましょう。

適度にテキストがあり、アンカーリンクや、キーワードに関連する文章が入っています。

第1章 SEO内部対策をしよう！① 〜キーワードを入れ込もう

🔍 トップページの画像に alt 属性を追加する

検索エンジンは、画像内の文字を完全には認識できません。例えば画像で「SEO対策」と書いても、それを認識してくれないことが多いのです。そこで、サイトに画像を使用する場合は、「それが何の画像なのか」を文字情報として検索エンジンに伝えましょう。

トップページの**画像を指示する <img> タグの中に、キーワードを含めた画像説明を行う alt 属性を追加**します。その際は、必ず「その画像の説明」を入れるようにしましょう。「ユニフォームオーダー」で順位を上げたいからといって、関係のない画像にまで「ユニフォームオーダー」を入れる、ということは避けましょう。

例

```
<img src="images/yuniorder.jpg" alt="ユニフォームオーダー" width="100" height="77" />
```

🔺 img タグの中にキーワードを含めた alt 属性を追加しました。

🔍 SEO 対策以外のメリットもある

画像に文字情報を付加することで、検索エンジンに画像の内容を認識させると共に、画像の読み込みが重いときに文字を先に表示させたり、目の不自由な方向けのソフト(音声ブラウザ)で文字情報が読み上げられたりといった効果があります。また、画像にカーソルを合わせることでテキストが表示されたりもします。いずれも、**ユーザビリティとSEO対策の両方にとって有益**な方法と言えます。

ただし、音声ブラウザへの対応を最優先させる場合は、同じ言葉を何度も読み上げられることを避けるために、あえて alt 属性を空白にするという方法もあるようですので、その点はご注意ください。

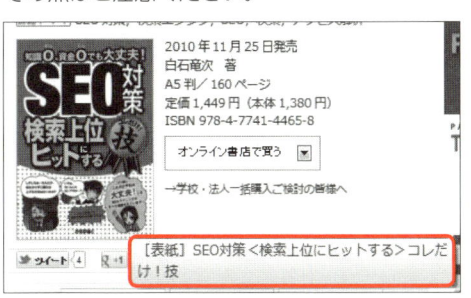

また、アイコンやラインなど、デザインや飾りなどの画像で、文字情報が必要ない場合は alt 属性を空にしてもよいでしょう。

◀ 画像にカーソルを合わせると、テキストが表示される例

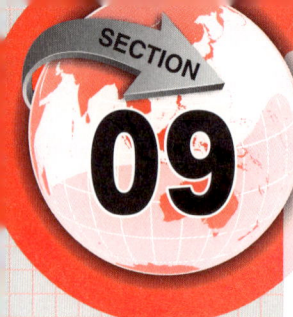

第1章 ▶ SEO内部対策をしよう！① ～キーワードを入れ込もう

SECTION 09
ページ内の文章／キーワードを分析しよう

🔍 SEO として有効かどうかをチェックする

　ここまでの作業の復習も兼ねて、ここではページ内の文章とキーワードについて、SEO としての有効性を分析してみましょう。定期的に、自分のサイトが SEO の観点から適切なものになっているかどうか、チェックを行うようにしましょう。

① 重要な文章、見出しは文字情報になっているか？

　重要な文章、見出しは、どうしても見た目を優先し、画像にしてしまいがちです。もちろん、会社のイメージや購買意欲、売り上げへの影響を考えると、見た目のイメージも重要です。そこで、社内でも相談の上、可能な範囲で**文章や見出しをテキストで記述し、<h1> タグや <strong> タグで強調**しましょう。

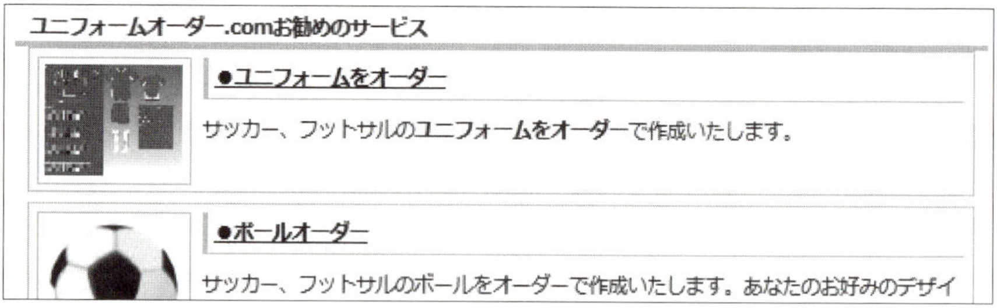

```
<h3><a href="uniorder.html"><strong>●ユニフォームをオーダー</strong></a></h3>
<p>サッカー、フットサルの<strong>ユニフォームをオーダー</strong>で作成いたします。</p>
</div>

<div class="itemlist">
<div class="img"><a href="#"><img src="images/002.jpg" alt="画像" width="100" height="100" /></a></div>
<h3><a href="#"><strong>●ボールオーダー</strong></a></h3>
<p>サッカー、フットサルのボールをオーダーで作成いたします。あなたのお好みのデザインにしてみよう！</p>
</div>
```

▲ ターゲットとなるキーワード「ユニフォーム」「ボール」「オーダー」をテキストの中に入れた例

❷ キーワード出現頻度は適切か？

　以前は、「キーワード出現頻度」という要素が検索結果に大きく影響していました。1ページの文章に対して、キーワードの頻度は「4〜6％がいい」などと言われてきましたが、明確な数字はわかりません。そして最近は、キーワード出現頻度の重要性は低くなり、新たに「関連キーワード出現頻度」が重要視されるようになってきました。同じキーワードをたくさん詰め込むのではなく、**関連するキーワードを意識的に入れていく**のが効果的です。

例

> ●ユニフォーム販売
>
> バルセロナ、マンチェスター・ユナイテッド、チェルシー、レアル・マドリード、リバプール、ボカ・ジュニオルズなどの各クラブチームや、アルゼンチン、日本、スペイン、イングランド、オランダ、フランス、ドイツなど各国代表のユニフォームを販売しております。

❸ ペナルティは侵していないか？

　キーワードが近接し過ぎていたり、下の図のように<h>タグや<title>タグに多数のキーワードを入れてしまうと、ペナルティになってしまい、順位を下げられてしまう恐れがあります。**キーワードを詰め込み過ぎていないか**、確認しましょう。

> ユニフォームオーダーならサッカー・フットサルのユニフォームオーダー.comへ〜ユニフォームオーダー.comならお見積もり無料！ユニフォームオーダー.comなら親切丁寧！ユニフォームオーダー.com激安！ユニフォームオーダー.comに決まり！
>
> ●ユニフォームをオーダー
>
> サッカー、フットサルの**ユニフォームをオーダー**で作成いたします。

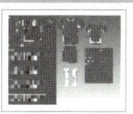

```
<h2>ユニフォームオーダーならサッカー・フットサルのユニフォームオーダー.comへ〜ユニフォームオーダー.com
ならお見積もり無料！ユニフォームオーダー.comなら親切丁寧！ユニフォームオーダー.com激安！ユニフォーム
オーダー.comに決まり！</h2>
<div class="itemlist">
<div class="img"><a href="uniorder.html"><img src="images/yuniorder.jpg" alt="画像"
width="100" height="77" /></a></div>
<h3><a href="uniorder.html"><strong>●ユニフォームをオーダー</strong></a></h3>
<p>サッカー、フットサルの<strong>ユニフォームをオーダー</strong>で作成いたします。</p>
</div>
```

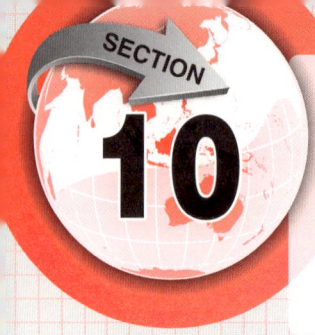

第1章 ▶ SEO内部対策をしよう！① 〜キーワードを入れ込もう

SECTION 10
Googleウェブマスターツールに登録しよう

🔍 Googleウェブマスターツールに登録する

　検索エンジンには、Web担当者向けの管理ツールが用意されています。例えばGoogleの場合、**Googleウェブマスターツール**という管理ツールを無料で提供しています。

　ウェブマスターツールには、他のツールでは見られないデータの閲覧や、サイトに問題があった際に通知してくれる「新しい重要メッセージ」機能、新しいサイトやページをインデックスしてもらえる「サイトマップ」機能、サイト検索の「表示回数」「検索クエリ」機能など、いろいろな機能があります。「表示回数」の上下により検索エンジンからの評価がある程度判断できますし、「検索クエリ」はキーワード分析の材料になります。細かい分析をしないまでも、サイトマップへの登録と、エラーなどがないかチェックするだけでも十分ですので、登録しておきましょう。

　なお、Googleウェブマスターツールの利用にはGoogleアカウントが必要です。持っていない場合はあらかじめ取得しておきましょう。

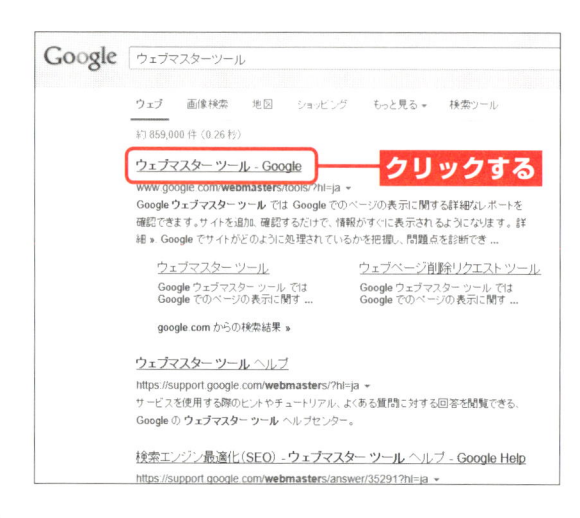

❶Googleで「ウェブマスターツール」と検索し、検索結果の一番上のサイトを開きます。

❷Googleアカウントのメールとパスワードを入力し、「ログイン」をクリックします。認証画面が表示された場合は、パスワードと画像の文字を入力し、「ログイン」をクリックします。

❸ログインできると、「ウェブマスターツール」の画面が表示されます。「サイトを追加」をクリックします。

❹あなたのサイトの URL を入力して、「続行」をクリックします。

❺ここからサイトの確認作業に入ります。1.の「この HTML 確認ファイル」をクリックし、ファイルをダウンロードします。

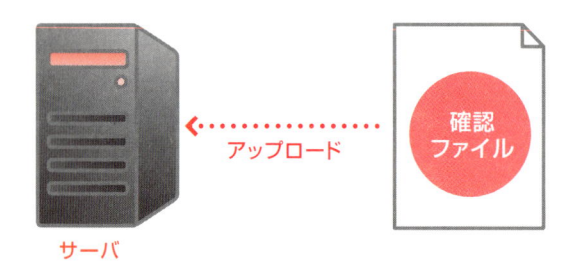

❻ダウンロードした確認ファイルを、あなたのサイトのサーバにアップロードします。

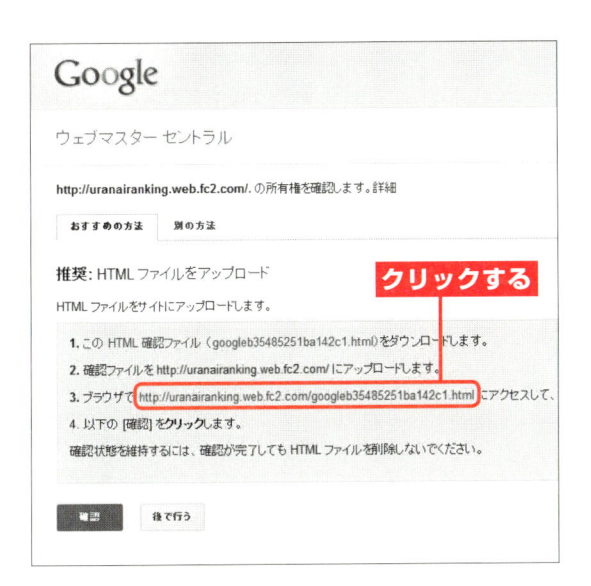

❼手順❺の画面で、項目3のURLをクリックします。

❽アップロードが正しく行われたことを確認します。

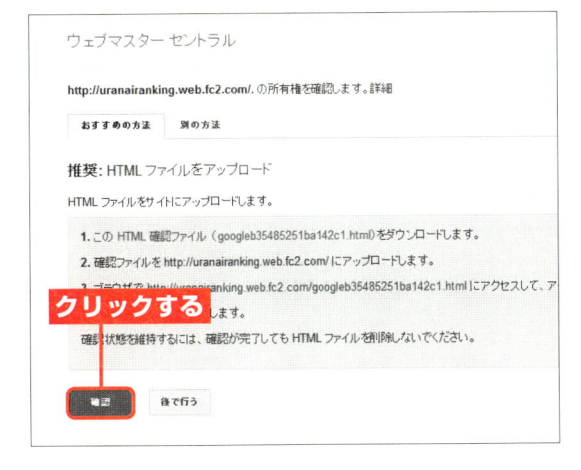

❾手順❺の画面で、「確認」をクリックします。

❿確認が完了すると、完了画面が表示されます。確認が完了しても、サーバにアップロードした確認ファイルは削除しないでください。

⓫「ウェブマスターセントラル」という文字部分をクリックします。

⓬「Google ウェブマスターツール」の基本管理画面になります。各サイトの管理画面を確認するには、ウェブマスターツール（https://www.google.com/webmasters/tools/home?hl=ja）のトップ画面で、サイトの画面サムネイルか URL をクリックします。

Google ウェブマスターツールの管理画面

「新しい重要メッセージ」画面は、Google からのサイトに関するお知らせがウェブマスターツールのサイトの一覧ページにもサイト別管理ページにも表示されます。主にペナルティがあったときなどにメッセージが表示されますので、ここをチェックすることで、ペナルティになっているかを確認することができます。

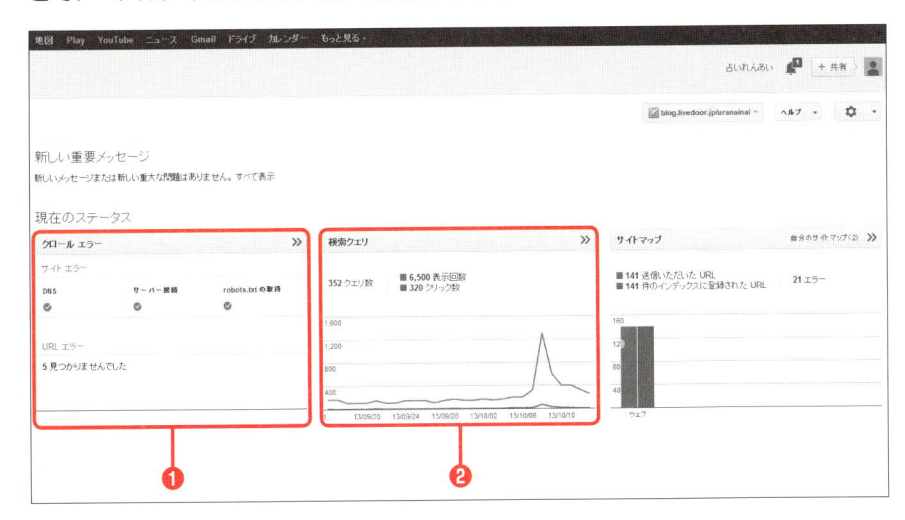

❶ クロールエラー
Google のクローラーがサイトをクロールしたときに、クロールできなかった URL や「HTTP エラーコード」が返されてしまった場合、その情報が表示されます。特に情報がなければ、問題ありません。

❷ 検索クエリ
サイトのページが検索結果として表示されたときのキーワード情報が表示されます。「表示回数」では、検索結果として表示された回数を、「クリック数」では、クリックされた回数を表示しています。「検索キーワード」(「検索クエリ」をクリックすると表示される画面にある項目です) では、検索されたキーワードを表示回数の多い順に表示しています。これにより、実際にどのようなキーワードでサイトが検索されたかを知ることができます。

これらの情報によりターゲットキーワードを修正したり、サイトの内容を修正したりするのもよいことだと思います。

第1章 まとめ

この章でやったことをチェックしよう！！

- [ ] SEO対策について会議はしましたか？
- [ ] 現在のサイトの状況を分析しましたか？
- [ ] ライバル会社のサイトを分析しましたか？
- [ ] トップページのキーワードについて、どのようなキーワードがよいか調査しましたか？
- [ ] 決めたキーワードの現在の順位・難易度を確認しましたか？
- [ ] トップページのタイトルにキーワードを入れましたか？
- [ ] トップページのサイト説明文にキーワードを入れましたか？
- [ ] トップページのテキストにキーワードや関連ワードを入れましたか？
- [ ] <h1>タグや<strong>タグは適切に使用していますか？
- [ ] alt属性は適切に使用していますか？
- [ ] 過剰にキーワードを入れたりしていませんか？
- [ ] Googleウェブマスターツールに登録しましたか？

第2章

SEO内部対策をしよう!②
～内部リンクを張ろう

ここでは、SEO対策として、サイト内の内部リンクを充実させましょう。内部リンクを充実させることにより、検索エンジンに対してもユーザーに対しても見やすいサイトになります。

Section 11	サイトの構造を把握しよう
Section 12	サイト内にテキストリンクを設置しよう
Section 13	サイトマップを作成しよう
Section 14	パンくずリストを設置しよう
Section 15	フッタリンクを設置しよう
Section 16	アクセス解析ツールを設置しよう
Section 17	アクセス解析ツールで分析しよう
Section 18	サイト全体のキーワードを見直そう

トップページに
ターゲットキーワード
を入れたんだけど…。
検索エンジンの結果は
まだ上位に
なっていないですね。
そうね。競合サイトを
見る限りでは、トップページを
いじったくらいでは
まだまだ順位は
上がりそうにないわね。
そうなんですか…
次のステップとして、
この会社のホームページで
気になることがあるの。
それを改善しましょう。
はい！どんな
ことでしょうか？

まず、
『サイトの
構造が深過ぎる』

これは、検索エンジンにとって
よくないわ。ページ全体が
スクロールされない
可能性もあるし。

サイトの目的に合った
構造になっているかを
改めて考える必要が
あるわね。

そして SEO 対策上、
内部リンクも
不十分ね…。

内部リンク
…ですか？

例えば『サイトマップ』
とか
『パンくずリスト』
とかね。

こういう内部リンクがないと、
サイトの構造がしっかり
していたとしても
サイト内の各ページへのリンクが
少なくて、各ページに行きづらい
サイトになってしまうの。

「サイトマップ」は、このサイトにどんなページがあるのかがわかって、そのページにすぐに移動できる便利な機能。

サイトマップ

◆オーダー
- サッカーユニフォーム
- スパイク
- Tシャツ

◆コラム
- サッカー観戦日記
- スタッフブログ

トップページ＞コラム＞サッカー観戦日記

「パンくずリスト」は、今、自分がサイトのどこにいるかを把握して手軽に前のページに戻ったりできる便利な機能よ。

それから、『フッタリンク』や『メニューリンク』がないのも問題ね。

商品をご検討中の皆様へ
商品一覧
素材について
Q&A
オーダーの方法

メニュー
トップ
商品一覧
ブログ
オーダー
お問い合わせ

『フッタリンク』や『メニューリンク』は、ユーザーを各ページに誘導するナビゲーションとして必要不可欠な機能よ。

例えばトップページから「サッカーシューズ」のページや「問い合わせ」のページにすぐに行けるようにね。

こういう機能が
不十分なサイトは
SEO 対策としてはもちろん、
ユーザビリティの考え方
として、お客様に対しても
よくないのよ。
お客様に対して
よくない？？
リンクがないと
ユーザーも不便だし、
他のページに進まないで
サイトを見るのを
やめてしまうのよっ。
なるほど
ユーザビリティをよくする
ことによって、
サイトのいろいろなページを
もっと見てもらえるように
なるわよ。

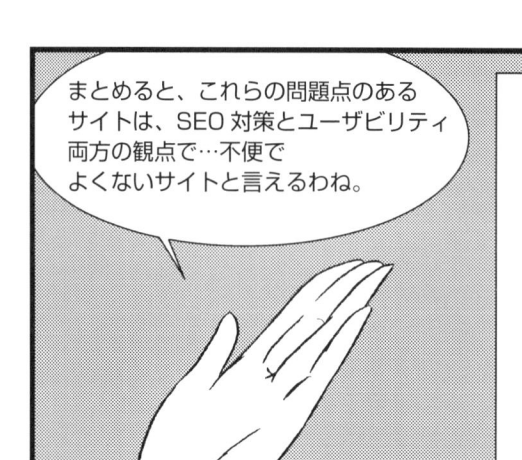

まとめると、これらの問題点のあるサイトは、SEO対策とユーザビリティ両方の観点で…不便でよくないサイトと言えるわね。

『サイトの構造が深過ぎる』
『サイトマップがない』
『パンくずリストがない』
……などなど

⬇

ユーザビリティが悪い
（使いづらい）

⬇

お客様に対してもよくない

今回は、こういった問題を修正していきましょう。

ここまで何もしていないサイトなら、まず現状よりは上がると思うわ。

はい、よろしくお願いします！

あとは『アクセス解析ツール』を入れないとね！

『アクセス解析ツール』……ですか？

アクセス解析ツールを入れることによって、サイトの分析ができるの。

サイトの何が
わかるんですか？

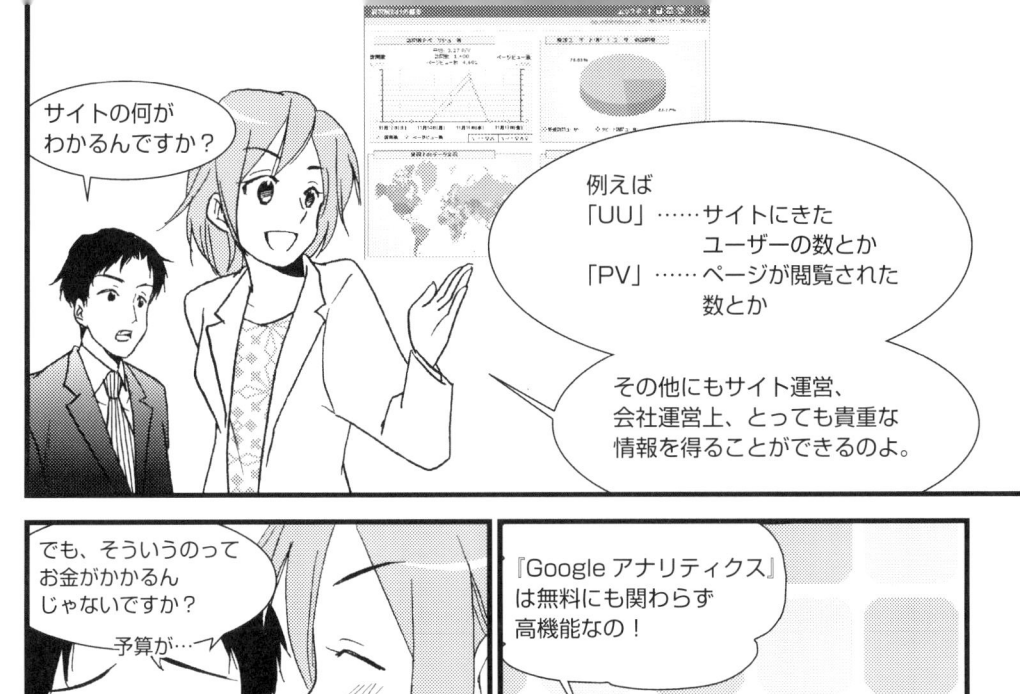

例えば
「UU」……サイトにきた
　　　　ユーザーの数とか
「PV」……ページが閲覧された
　　　　数とか

その他にもサイト運営、
会社運営上、とっても貴重な
情報を得ることができるのよ。

でも、そういうのって
お金がかかるん
じゃないですか？
予算が…

今回は無料のツール
を利用するから大丈夫よ！

『Google アナリティクス』
は無料にも関わらず
高機能なの！

そうなんですか！

それでは『サイトマップ』
『パンくずリスト』などを
作成、リンクを直して
内部対策を徹底的に
改善しましょう！

作業は大変だけど
頼むわねっ。

が……
がんばります！

この章でやること >>>

内部リンクを意識しよう

内部リンクとは?

　ＳＥＯ対策は多くの場合「リンク」をすることによって効果を発揮します。リンクは「内部リンク」と「外部リンク」の2種類に分けて考えます。この章では「内部リンク」について理解しましょう。

STEP ❶ サイトのコンセプトを決める

まずは社内で会議をして、サイトのコンセプトをどのようにするのか決めましょう。デザインやサイトの構成について、上司の許可を得て決定しましょう。

➡ P.66 参照

STEP ❷ サイトの構造を知る

次に、サイトの構造を考えます。どのような構造のサイトが、ユーザーにとって、また検索エンジンにとってよいのかを知りましょう。

➡ P.68 参照

STEP ❸ テキストリンクの方法について知る

サイトの構造が決まったら、内部リンクを修正・挿入していきましょう。キーワードを入れたリンクの注意点について知りましょう。

➡ P.72 参照

第2章 ＳＥＯ内部対策をしよう!② 〜内部リンクを張ろう

STEP ❹ サイトマップを作成する

検索エンジン向けの「サイトマップ」を作成し、「Google ウェブマスターツール」に登録しましょう。また、ユーザー向けの「サイトマップ」も作成しましょう。

➡ P.76 参照

STEP ❺ パンくずリスト・フッタリンクを設置する

サイトに「パンくずリスト」「フッタリンク」を設置し、ユーザーに優しいサイトにしつつ、SEO対策をしましょう。

➡ P.82、84 参照

STEP ❻ アクセス解析ツールを設置・分析する

アクセス解析ツール「Google アナリティクス」の設置手順と操作方法について説明します。

➡ P.86、90 参照

STEP ❼ 改めてキーワードを見直す

ある程度対策をしたところで、改めてキーワードを見直してみましょう。「Google ウェブマスターツール」「Google キーワードツール」で分析してみましょう。

➡ P.94 参照

それでは、実際に SEO 対策を始めましょう！

第2回目の会議をしよう

サイトのイメージを考えよう

お客様にどうアピールするか考える

　この章では、サイトの構造を組み立てた上で、その構造に沿って内部リンクを充実させていきます。まずは、サイト全体のイメージと、どのようなコンテンツ構成にしていくのかを、社長や上司とよく相談してください。例えば、スポーツメーカー「アールエススポーツ」の場合、次のような案が考えられます。案①から案③になるに従って、サイトのテーマが絞り込まれていきます。

案①
ごく普通のスポーツショップのように、コンテンツ、商品写真をまんべんなく並べる構成。便利である半面、目立ったものがない。ＳＥＯ的にも大手の会社でないと厳しい。

案②
サッカーの商品を中心にし、サッカーのコンテンツと写真を目立つようにデザイン、構成する。サッカーの商品を中心に販売しているお店のサイトが、このような構成、デザインになっている。(例：「Ｂ＆Ｄ」URL：http://www.bnd.co.jp/)

案③

メインの事業である「サッカーユニフォーム製作・オーダー」を中心に、「サッカーユニフォーム製作・オーダー」のコンテンツと写真を目立つようにデザイン、構成する。「ユニフォーム製作・オーダー」のサイトとして運営するケース。

また、次のような案④も考えられます。

案④

商品の激安情報を中心にし、激安情報のコンテンツと写真を目立つようにデザイン、構成する。

ここで決まった方針により、サイトとして、どのコンテンツをメインに売り出していくかが決まります。それによって、サイト構成、デザインが左右されます。

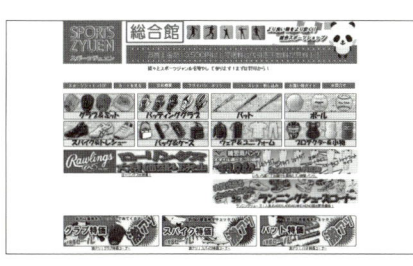

▲案①の例
URL：http://store.shopping.yahoo.co.jp/zyuen1/index.html

▲案②の例
URL：http://www.bnd.co.jp

▲案③の例
URL：http://www.sskamo.co.jp/s/c/crp-sh/

▲案④の例
URL：http://www.fc-fever.com

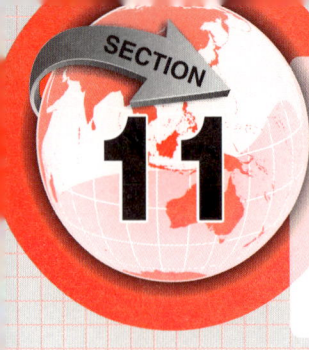

第2章 ▶ SEO 内部対策をしよう！② 〜内部リンクを張ろう

サイトの構造を把握しよう

サイトの構造を知る

サイトを改善し、修正・作成していくにあたって、サイトの構造について理解しておきましょう。主なサイトの構造には次のようなものがあります。

❶ ツリー型

サイト構造で最も有名なのが「ツリー型」です。**トップページが頂点にあり、そこから階層が下がるにつれてページが多くなり、広がっていく構造**です。カテゴリで分類されているサイトに多くある形です。しかし、ただ上から下に一方的にリンクを張るのではなく、下層ページからでも上の階層のページにスムーズに遷移できるよう、くまなくリンクを張ることが重要です。

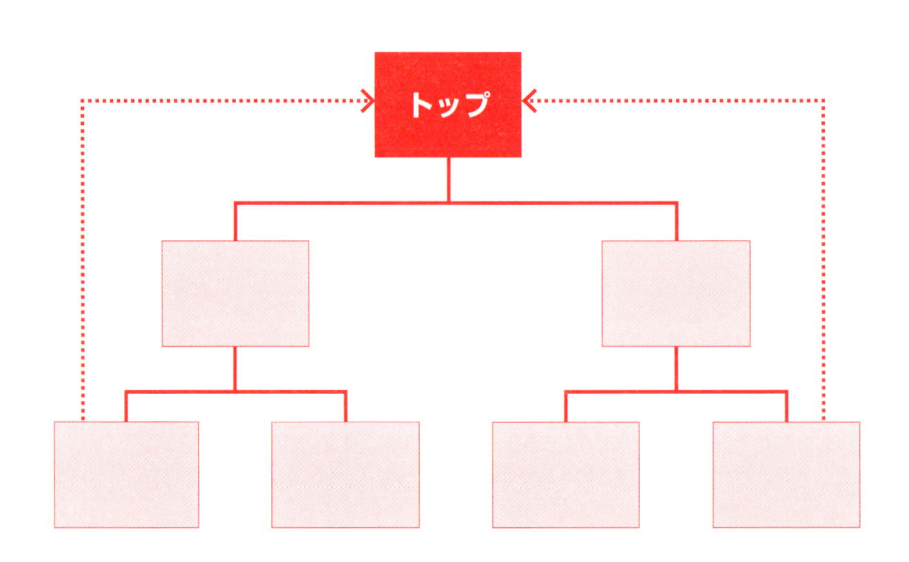

❷直線型

トップページから最終ページまで、一直線にリンクが張られているサイト構造です。非常にシンプルで、最終目標のページまでの導線がわかりやすいです。ページの少ないシンプルなサイトで可能なサイト構造です。多数のページがあるサイトでは、このような構造にはできません。

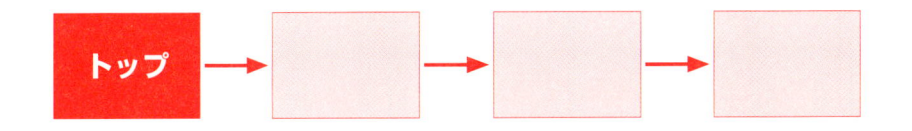

[図：トップ → □ → □ → □]

❸フラット型

トップページからリンクした2階層目のページが並列に並んでいる形の構造です。小さなサイトであれば、このような形でもいいと思います。また、カテゴリの分類が複雑でなければ、階層は浅いほうがよいので、この形が理想的です。

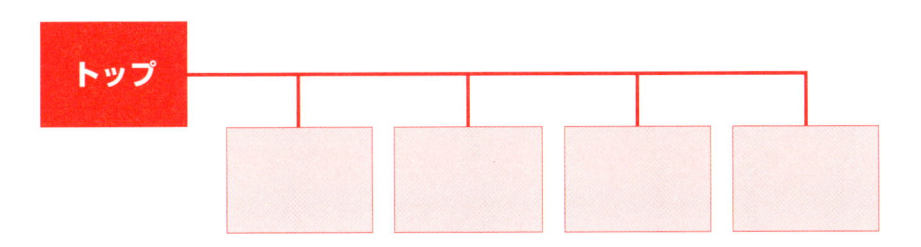

[図：トップから4つのページへ分岐]

❹データベース型

静的ページではなく、動的にページが生成・表示されるサイトです。この場合は今後のSEOカスタマイズが制限されるため、デザイナーさん、プログラマーさんとの相談が必要になります。

　以上をふまえた上で**お勧めなのは、「ツリー型」**になります。ただし、同じ階層どうし、そして下層からトップページへのリンクを必ず加えましょう。
　サイトの階層については、「3階層〜4階層くらいがよい」と言われています。あまり深い階層になり過ぎると、検索エンジンに登録されにくくなると言われています。深くならないよう注意しましょう。

お客様の誘導を考える

　ショッピングサイトを運営しているのであれば、「お客様の誘導」ということも考えなければなりません。**どのような場所に商品ページや購入ページを配置すればよいのか**をよく考えてサイトを設計しましょう。

　ＳＥＯ対策の観点で言うと、ページ間のつながりや関連性が重要になってきます。近いページ、つながっているページは、関連性の高い内容のものを集めると、ＳＥＯ的な効果が高まります。例えば「サッカー」という特集ページを作ったら、その階層の下のページはサッカー関連商品のページのみにする、「野球」特集ページの下は野球関連商品のみにする……という感じです。

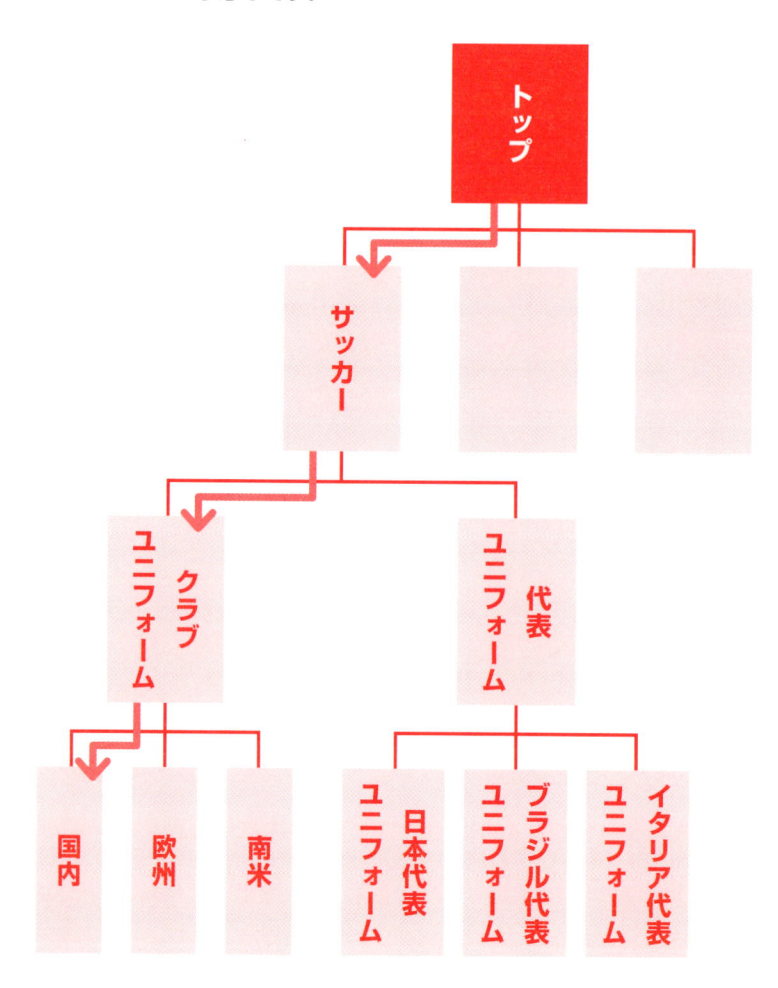

> お客様のサイトへの誘導ですか……。どんな感じなんでしょうかね……？

> 自分がユーザーの立場になって考えてみれば見えてくるわよっ。

> ユーザーの立場ですか……。

> 左ページの図の例で言うと、自分が日本国内のサッカークラブチームのユニフォームを探しているとするわね。するとまずトップページの『サッカー』カテゴリ（メニュー）を探してクリックするよね。さらに、いろいろなサッカー用品のカテゴリの中で、『クラブユニフォーム』→『国内』と探していって、『国内のクラブチームのユニフォーム』にたどり着くわ。

> たしかに、そういう探し方をしますね。

> まずはわかりやすい導線を階層構造として用意することが大切ということね。また、それだけではなく、ユーザーが使い慣れているボタンやレイアウトのデザインを取り入れることも大事よ。

> 目立てばいい、シンプルならいい、ってわけでもないんですね！

SECTION 12

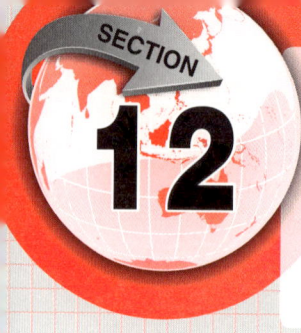

第2章 ▶ SEO 内部対策をしよう！② ～内部リンクを張ろう

サイト内にテキストリンクを設置しよう

🔍 別ページへのテキストリンクを張る

　前ページまでで決定したサイト構造にもとづいて、メニューや関連キーワードから、サイト内の別ページへのテキストリンクを設置していきます。具体的には、**アンカーテキストにキーワードを入れて、そのキーワードに関連するページへのリンクを張る作業**を行うことになります。

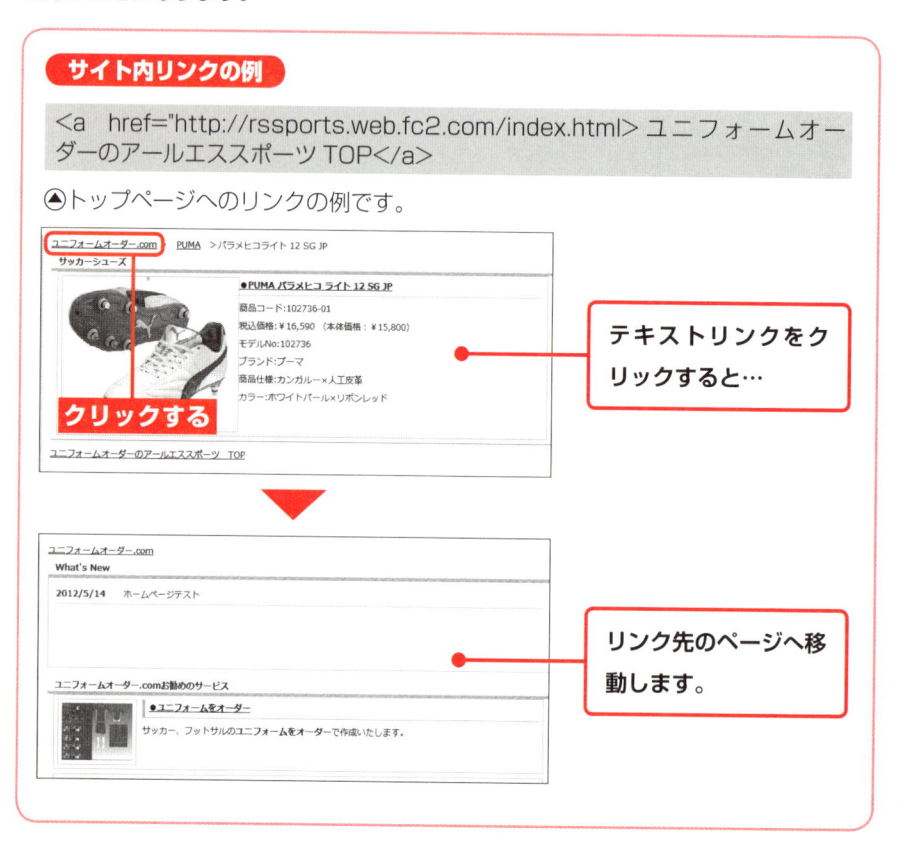

サイト内リンクの例

```
<a href="http://rssports.web.fc2.com/index.html>ユニフォームオーダーのアールエススポーツ TOP</a>
```

▲トップページへのリンクの例です。

テキストリンクをクリックすると…

リンク先のページへ移動します。

メニューや本文内のテキストなどから各ページに張られるテキストリンクは、内部リンクとして重要な役割を果たします。特に商品ページやコンテンツページへの「商品名」「コンテンツ名」のテキストリンクは大切です。例えば「サッカーシューズ」というテキストからサッカーシューズのページにリンクされていた場合、「このページはサッカーシューズのページ（コンテンツ）である」ということを検索エンジンに強調して伝えることになります。もちろん、リンク先のページにサッカーシューズに関する記述がないのにリンクを張るのはよくありません。

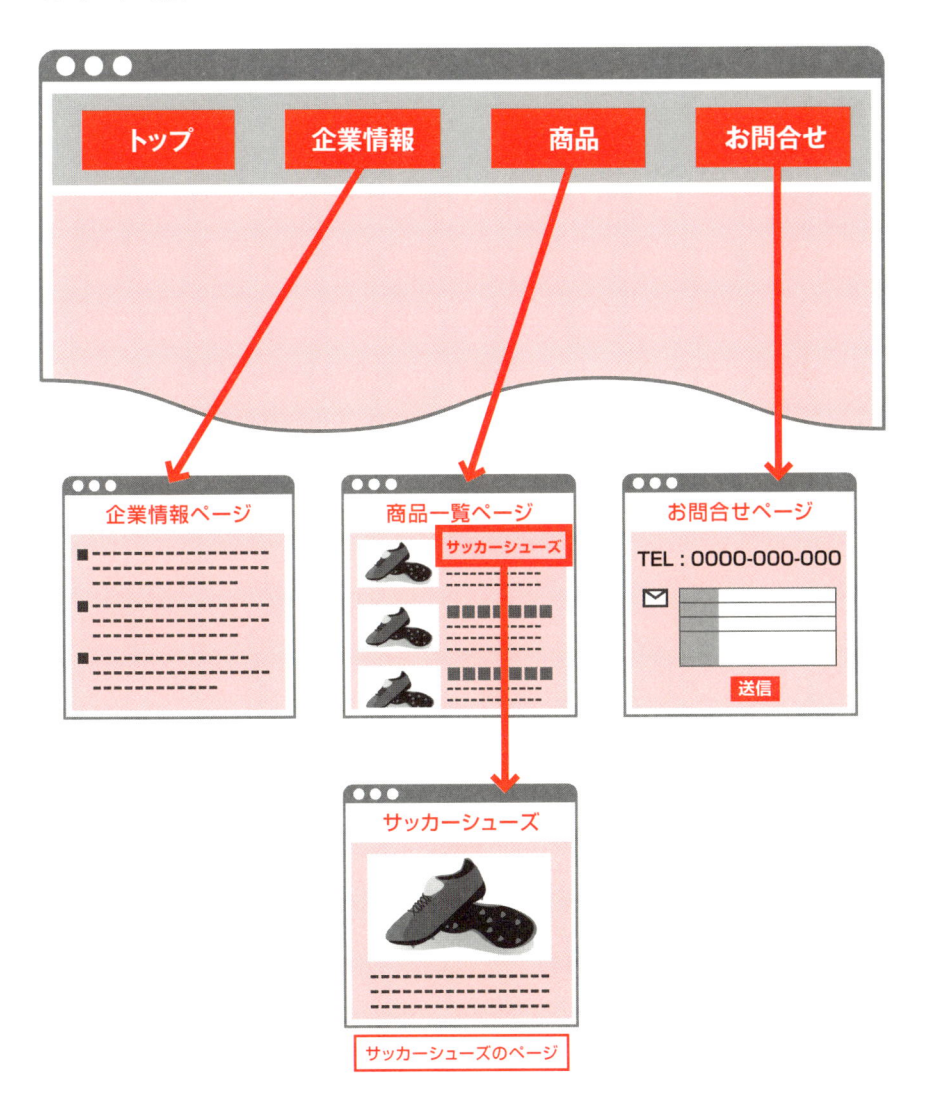

別ページへのテキストリンクの注意点

　別ページへのテキストリンクとはいえ、**何度も同じキーワードを連呼するのはよくありません**。アンカーテキストのキーワードが過剰になるとスパムになる恐れもありますし、それを見たサイト訪問者も違和感を覚えると思います。

　本来であれば、今まで「ＴＯＰ」や「ＨＯＭＥ」となっていたトップページへのリンクを、以下の例のように「ユニフォームオーダーのアールエススポーツＴＯＰ」や「ユニフォームオーダーのアールエススポーツＨＯＭＥ」と修正したいところです。

> **例**
>
> <a　href="http://rssports.web.fc2.com/index.html> ユニフォームオーダーのアールエススポーツＴＯＰ </a>
>
> <a　href="http://rssports.web.fc2.com/campany.html> ユニフォームオーダーのアールエススポーツ会社概要 </a>
>
> <a　href="http://rssports.web.fc2.com/soccer.html> ユニフォームオーダーのアールエススポーツサッカー </a>
>
> ▲「メニュー」のアンカーテキストにターゲットとなるキーワードを入れた例です。

　しかし、別ページへのテキストリンクをこのようにしてしまうのは明らかに不自然です。このようなＳＥＯ対策が、遥か昔では通用していましたが、現在ではむしろよくないこととされています。無理にキーワードを入れるのではなく、「そこにキーワードを挿入して文章として不自然でないかどうか」をよく考えてキーワードの使用を判断する必要があります。

　「ＴＯＰ」や「ＨＯＭＥ」であれば、次の例のように無理にキーワードを入れないほうが無難かもしれません。例えばサッカー関連ページへのリンクであれば簡潔に「サッカー」のみとするなど、無理のないよう工夫をしましょう。

> **例**
>
> <a　href="http://rssports.web.fc2.com/index.html> ＴＯＰ </a>
>
> <a　href="http://rssports.web.fc2.com/campany.html> 会社概要 </a>
>
> <a　href="http://rssports.web.fc2.com/soccer.html> サッカー </a>

コンテンツ内にテキストリンクを設置する

　ここまで説明してきたように、メニューには無理にキーワードを入れないようにします。その代わりに、**商品説明やコラムなどの文章の中に、サイト内のページを参照すべきキーワードがあれば、該当ページへのリンクを張るようにしましょう**。フッタリンクやメニューにあるアンカーテキストのキーワードよりも、通常の文章にあるアンカーテキストのキーワードのほうが効果が高いと言われています。ただし、こちらも無理にキーワードを入れるのではなく、文章に違和感が出ないように注意しましょう。

例

```
只今、当サイトにて <a href="http://rssports.web.fc2.com/soccer.html>
サッカー用品</a> をご購入頂きました皆様にもれなく、<br />
当サイト特製エコバッグをプレゼント中です！<br />
詳しくは <a href="http://rssports.web.fc2.com/news.html> アールエ
ススポーツ　ニュースページ</a> をご覧ください。
```

SECTION 13

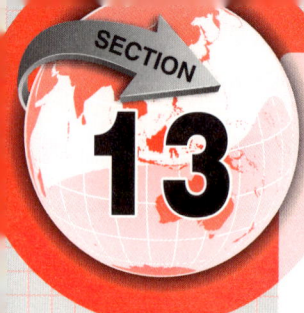

第2章 ▶ SEO 内部対策をしよう！② 〜内部リンクを張ろう

サイトマップを作成しよう

検索エンジン向けのサイトマップとは？

　あなたの Web サイトでは、訪問してくれたユーザー向けに、サイトのページ一覧をまとめた「サイトマップ」を用意しているかもしれません。ユーザー向けサイトマップを用意しておくと、訪問者がその Web サイトの構成を理解しやすくなり、目的のページにすぐ辿り着くことができます。しかしここで説明する「サイトマップ」は、ユーザー向けではなく、**検索エンジン向けの「サイトマップ」**です。

　全ページのアドレスデータのファイルを検索エンジン向けの「サイトマップ」という1つのファイルとして作成し、検索エンジンの管理ツールに登録することで、**検索エンジンの巡回時にあなたのページの更新内容が見つけられやすくなります**。

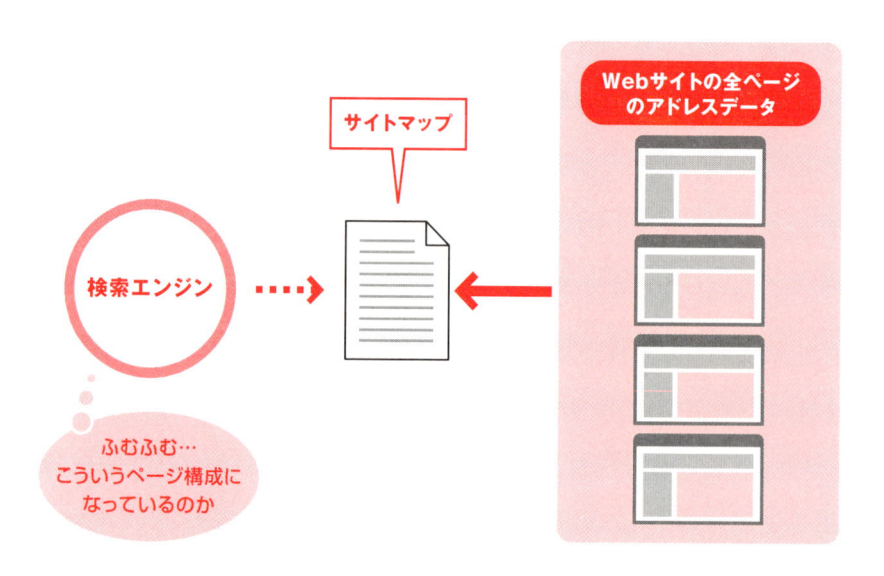

サイトマップ

Webサイトの全ページのアドレスデータ

検索エンジン

ふむふむ…
こういうページ構成になっているのか

検索エンジン向けサイトマップを作成する

検索エンジン向けのサイトマップは、次の方法で作成することができます。

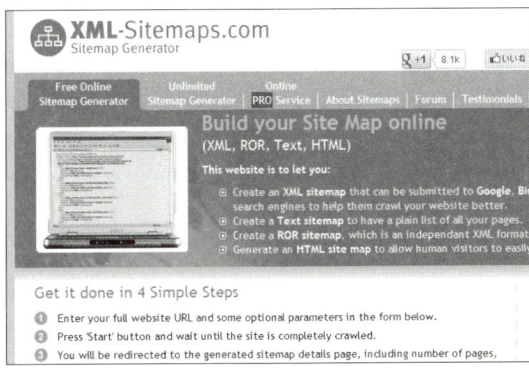

❶サイトマップ作成サイト「XML sitemaps Generator」（URL：http://www.xml-sitemaps.com/）にアクセスします。

❷「Starting URL」の下の欄に、あなたのサイトのURLを入力し、「Start」をクリックします。

❸しばらくすると、作業が完了します。「sitemap.xml」をクリックし、あなたのパソコンの任意の場所に保存してください。

❹保存した「sitemap.xml」を自分のサイトのサーバにアップロードします。アップする階層は、トップページと同じ階層にします。

Googleに検索エンジン向けサイトマップを登録する

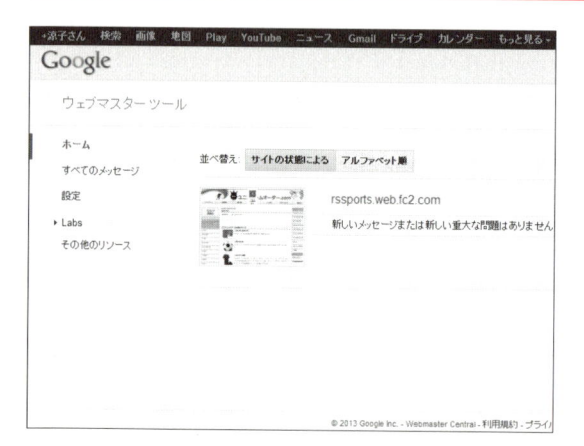

❶ブラウザでGoogleウェブマスターツール「https://www.google.com/webmasters/tools/home?hl=ja」を開き、ログインします。

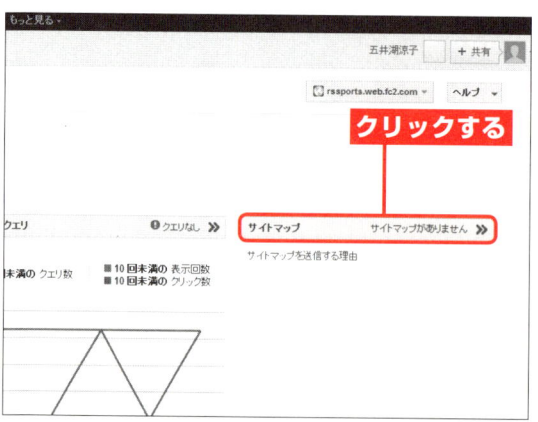

❷サイトの情報が表示されます。「サイトマップ」をクリックします。

❸「サイトマップの追加／テスト」をクリックします。

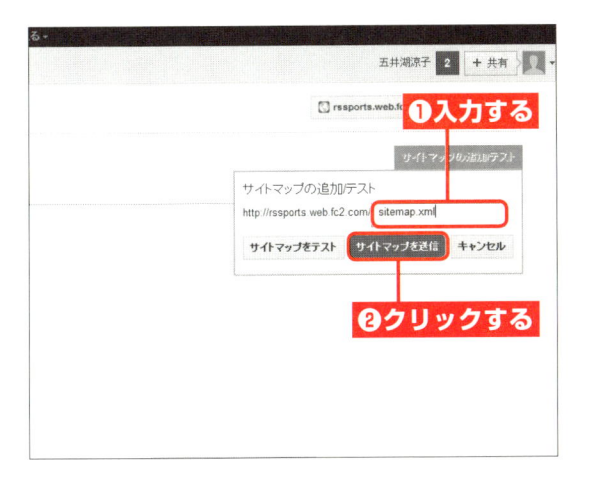

❹URLのうしろの入力欄に「sitemap.xml」と入力し、「サイトマップを送信」をクリックします。

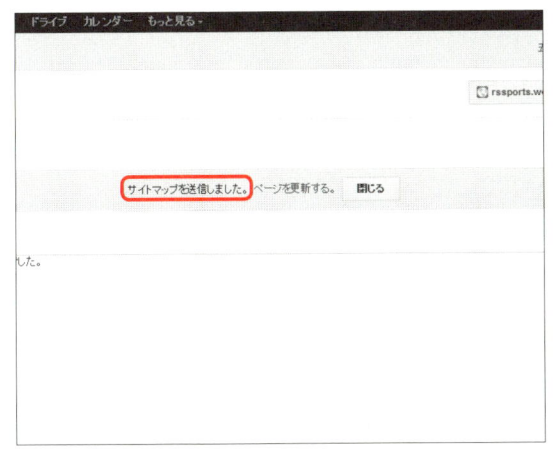

❺サイトマップ送信完了画面が出れば、完了です。これで「sitemap.xml」がGoogleに送信されました。

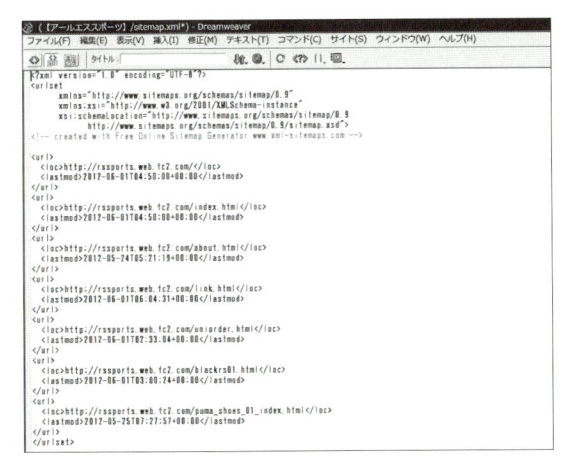

❻ちなみに、作成したサイトマップがこちらです。XMLという形式で書かれています。

ユーザー向けのサイトマップとは?

「検索エンジン向けサイトマップ」とは別に、「ユーザー向けのサイトマップ」を用意してもよいでしょう。サイトが大きくなり、ページが膨大な量になると、どこにどのページがあるのかがわかりづらくなります。ユーザーを目的のページに案内するために「グローバルナビゲーション」や「メニュー」「フッタリンク」などがありますが、主なコンテンツページへのリンクに限られるため、深い階層のページを案内するまでには至りません。

そこで、「すべてのページの一覧を表示」することで、**ここを見れば確実に目的のページが見つかる**というのがユーザー向けサイトマップの役割です。

● 見やすいユーザー向けサイトマップとは？

ユーザー向けサイトマップではユーザーを案内するのが目的ですから、「見やすくする」のは重要なことです。それでは、どのようなデザインが見やすいのでしょうか？一般的に多くあるのが「ツリー型」のサイトマップです。サイトの階層構造をそのまま表したもので、トップページからの遷移を辿ることができます。

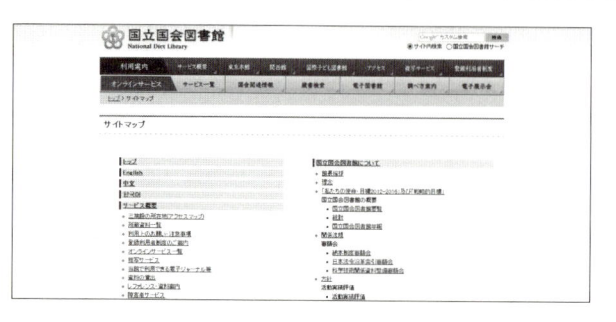

◀「サイトマップ｜国立国会図書館—National Diet Library」
URL:http://www.ndl.go.jp/jp/sitemap/

さらに、「カテゴリ」としてまとめて、デザイン的にもよくしたものが最近では多くなっています。よくまとまっており便利なため、お勧めします。

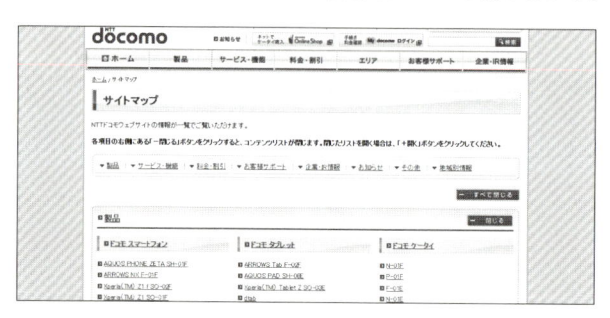

◀「サイトマップ ｜ NTTドコモ」
URL:http://www.nttdocomo.co.jp/sitemap/

ユーザー向けのサイトマップって、どんな感じにしたらいいんですか？

まずは、すべてのページのリンクを掲載することね。SEO対策を考えて、テキストリンクにしましょう。それに、画像リンクにするよりも、テキストリンクのほうがユーザーも見やすいのよ。

見栄え重視ではないんですね。

そう。ユーザーが迷ったときに見るページだから、使いやすさ重視よ。主力コンテンツや商品のページは、トップページなどで目立たせてあるから、サイトマップで目立たせる必要はないわ。むしろ、トップページでは目立たなかったり、表示されなかったりしている『会社概要』や『よくある質問』『求人情報』などをサイトマップの目立つ位置に掲載するほうが親切ね。

地味なページに思えますが…それでいいんですか？

サイトマップを利用するユーザーは、商品などよりも、こういった情報を探しているほうが多いってことよ。

なるほど！

第2章 ▶ SEO 内部対策をしよう!② ～内部リンクを張ろう

SECTION 14 パンくずリストを設置しよう

パンくずリストとは?

「パンくずリスト」とは、ページの上のほうに「TOP ＞ユニフォーム＞日本代表」などといった形で配置されるリンクのことで、**Webサイトの位置を表示し、ナビゲーションを助ける役割**をします。この「パンくずリスト」があることにより、サイトを訪問したユーザーがサイトの中で現在自分がどの位置のページを閲覧しているのかを把握することができます。ユーザーはパンくずリストのリンクをクリックして、上の階層などに簡単に戻ることができます。SEO対策としても、ユーザビリティとしても設置すべきものです。

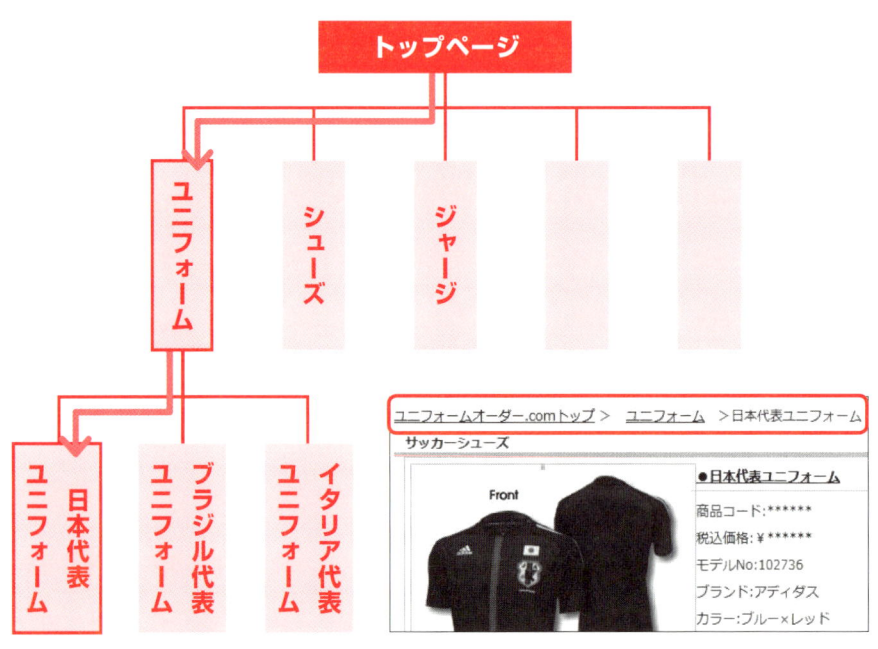

▲パンくずリストを見ることで、トップページの「ユニフォーム」のカテゴリの中の「日本代表ユニフォーム」のページにいるということが一目でわかります

🔍 パンくずリスト設置のメリット

パンくずリストを設置するメリットは2つあります。1つは、**ユーザビリティを高める**という点です。大規模なWebサイトではページ間の遷移が面倒になりがちですが、このパンくずリストがあることにより、「トップページに戻りたい」「さっき見ていたページに戻りたい」というときに簡単に遷移することができます。

もう1つのメリットはSEO対策です。すべてのページにパンくずリストのリンクを張ることによって、サイト内にリンクがくまなく行き渡ることになります。その結果**検索エンジンのクローラーがサイト内をスムーズに巡回でき、インデックスされるのが速くなります**。

さらに、アンカーリンクによる効果もあります。パンくずリスト設置の結果、各ページのタイトル（見出し）がアンカーリンクになります。タイトルは重要なキーワードを含むことが多いので、結果的にそれぞれのページのSEO強化につながります。

🔍 パンくずリストを設置する

それでは、全ページのHTMLに、「パンくずリスト」を設置しましょう。下記のようなHTMLタグを、サイト構造に合わせて、各ページの上部に挿入していきます。それぞれのリンクの間は、「>」でつなぐのが一般的な方法です。

例

```
<div><a href="index.html">ユニフォームオーダー.com</a> ＞ <a href="index.html">PUMA</a> ＞パラメヒコライト 12 SG JP</div>
```

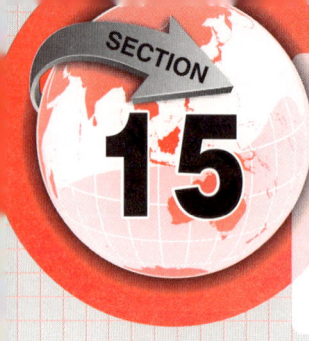

第2章 ▶ SEO 内部対策をしよう！② ～内部リンクを張ろう

SECTION 15 フッタリンクを設置しよう

フッタリンクとは？

　ページの一番下によくある「TOP｜サイトマップ｜お問い合わせ｜会社概要」のようなリンクのことを、フッタリンクと言います。こちらも「パンくずリスト」と同様、ユーザビリティ向上のための内部リンクです。パンくずリストは各ページで違うテキスト、タグを書く必要がありましたが、フッタリンクの場合は全ページ共通ですので、比較的簡単な作業になります。

　フッタリンクは「メニュー」と似てはいますが、「メニュー」がメインのコンテンツやカテゴリに対して張られるのに対して、フッタリンクは多くの場合「会社情報」「お問い合わせ」「サイトマップ」といった、**メインではないページへのリンクであることが多い**です。

| トップページ ｜ お問合せ ｜ 会社概要 ｜ 商品一覧 ｜ 豆知識 ｜ リンク集 ｜ スタッフブログ |

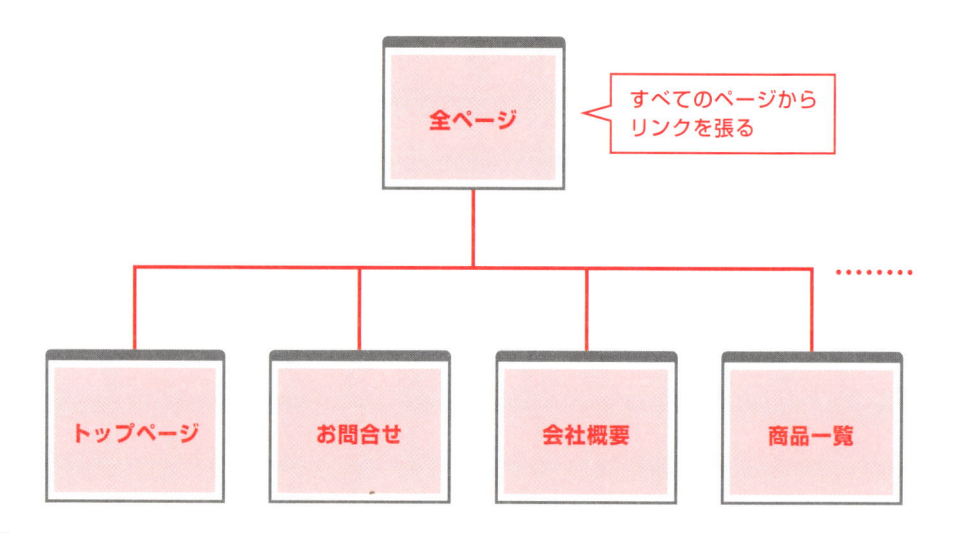

全ページ → すべてのページからリンクを張る

トップページ　お問合せ　会社概要　商品一覧

そして、すべてのページにフッタリンクを用意し、各ページへのリンクを張ることによって、検索エンジンのクローラーがページを巡回し、インデックスしやすくなるというメリットもあります。

またそれによって、アンカーリンクのキーワードの SEO 効果も上がります。現在はフッタリンクにあるアンカーテキストの効果は低いという説もありますが、念のため対策をしておきましょう。

フッタリンクを設置する

それでは、サイトの全ページにフッタリンクを設置しましょう。以下のような HTML タグを、ページの最下部に挿入していきます。

例

```
<div id="footer">
Copyright(C) 2012 <a href="index.html">ユニフォームオーダー.com</a>　All Rights Reserved.<br />
<a href="index.html">トップページ</a>｜
<a href="about.html">企業情報</a>｜
<a href="/">商品一覧</a>｜
<a href="/">豆知識</a>｜
<a href="/">リンク集</a>｜
<a href="http://info-rs.seesaa.net/">スタッフブログ</a>｜
<a href="http://form1.fc2.com/form/?id=764776">お問合せ</a>
</div>
```

Copyright(C) 2012 ユニフォームオーダー.com　All Rights Reserved.
トップページ｜企業情報｜商品一覧｜豆知識｜リンク集｜スタッフブログ｜お問合せ

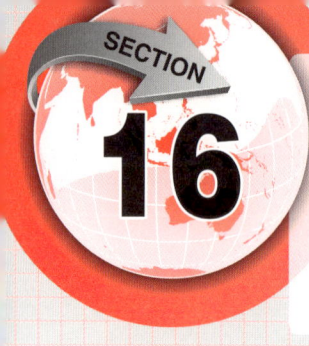

第2章 ▶ SEO 内部対策をしよう！② 〜内部リンクを張ろう

SECTION 16
アクセス解析ツールを設置しよう

🔍 Google アナリティクスを設置する

　ここまで作業をしてきて、あなたも会社の皆さんも、結果が気になってくると思います。目に見える一番の結果は「検索エンジンでの順位」ですが、より詳細なデータとして「アクセス情報」があります。ここでは、あなたの会社の Web サイトの「アクセス情報」を調べるツールの中で、無料でかつ様々な分析ができる Google アナリティクスの設置方法を紹介します。

❶ブラウザで「Google アナリティクス」（http://www.google.com/intl/ja/analytics/）にアクセスし、「ログイン」をクリックします。

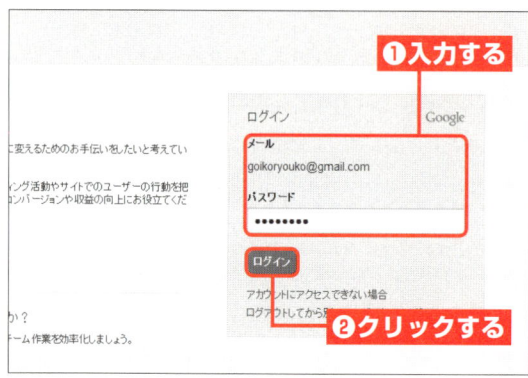

❷Google アカウントのメールアドレスとパスワードを入力し、「ログイン」をクリックします。

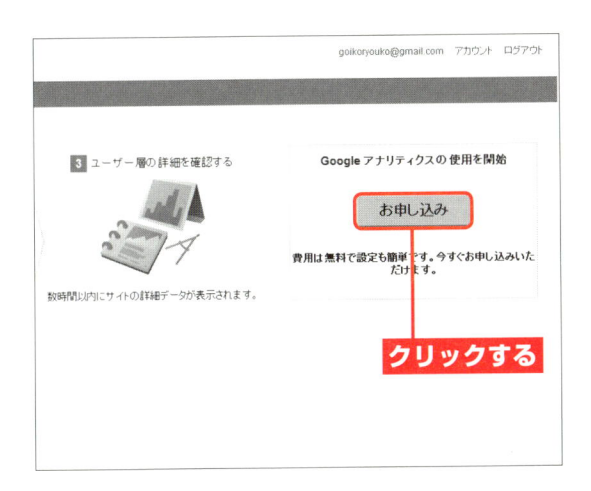

❸「お申し込み」をクリックします。

❹「ウェブプロパティの設定」で「ウェブサイト名」「ウェブサイトの URL」を入力し、「業種」と「レポートのタイムゾーン」を選択して、「アカウント名」（アカウント名は任意です。通常はサイト名など）を入力します。

第2章　SEO内部対策をしよう！② ～内部リンクを張ろう

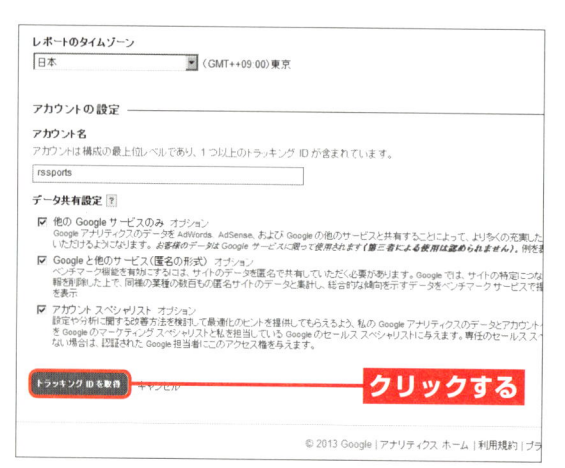

❺各項目を入力したら、最後に「トラッキング ID を取得」をクリックします。

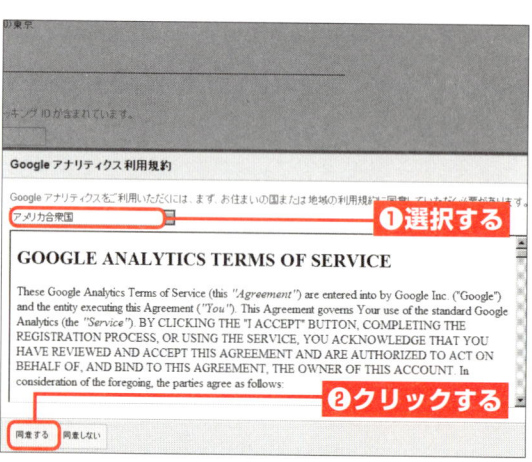

❻利用規約が表示されるので、国を選択し、言語表記を変更した後に「同意する」をクリックします。

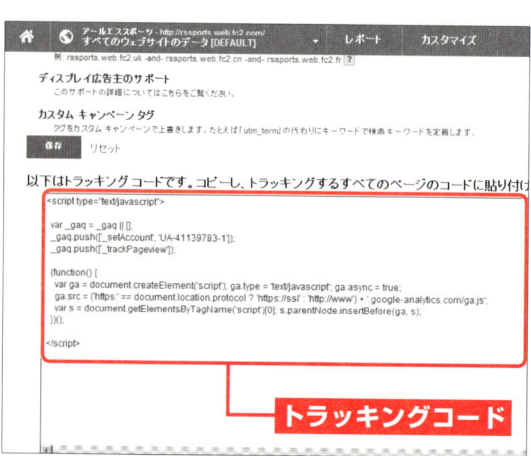

❼トラッキングコードが表示されます。このコードをコピーして、サイトのすべてのページで </head> タグの直前に貼り付けます。修正したページのファイルは、サーバにアップロードして更新します。

サイトを新たに追加する

　複数のサイトを運営している場合に、一度サイトを設定したのち、別のサイトをGoogle アナリティクスに新しく追加する手順を紹介します。

❶「Google アナリティクス」にログインし、「アナリティクス設定」をクリックします。

❷「＋新しいアカウント」をクリックします。

❸「ウェブプロパティの設定」下の「ウェブサイト名」「ウェブサイトの URL」を入力し、「業種」と「レポートのタイムゾーン」を選択して、「アカウント名」を入力します。あとは左ページ❺以降の操作を行います。

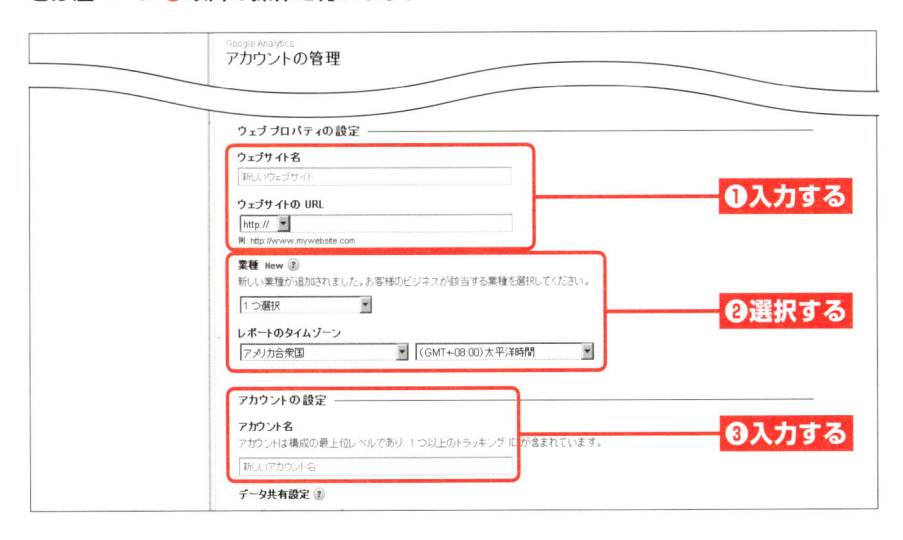

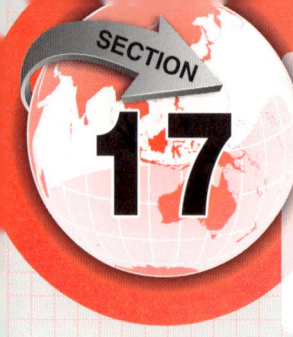

第2章 ▶ SEO 内部対策をしよう！② 〜内部リンクを張ろう

SECTION 17 アクセス解析ツールで分析しよう

🔍 Google アナリティクスの画面構成について

「Google アナリティクス」の画面は、次のような構成になっています。なお、ここではポイントのみを解説します。詳細な利用方法は、専門の解説書や Web サイトで学習しましょう。

❶ ユーザー画面

Google アナリティクスにログインすると最初に表示されるのが「ユーザーサマリー」の画面です。このサイトを何人の人が何回閲覧したか、などの情報を見ることができます。「サマリー」という表示の下のプルダウンメニューを切り替えることにより、様々なグラフを見ることができます。

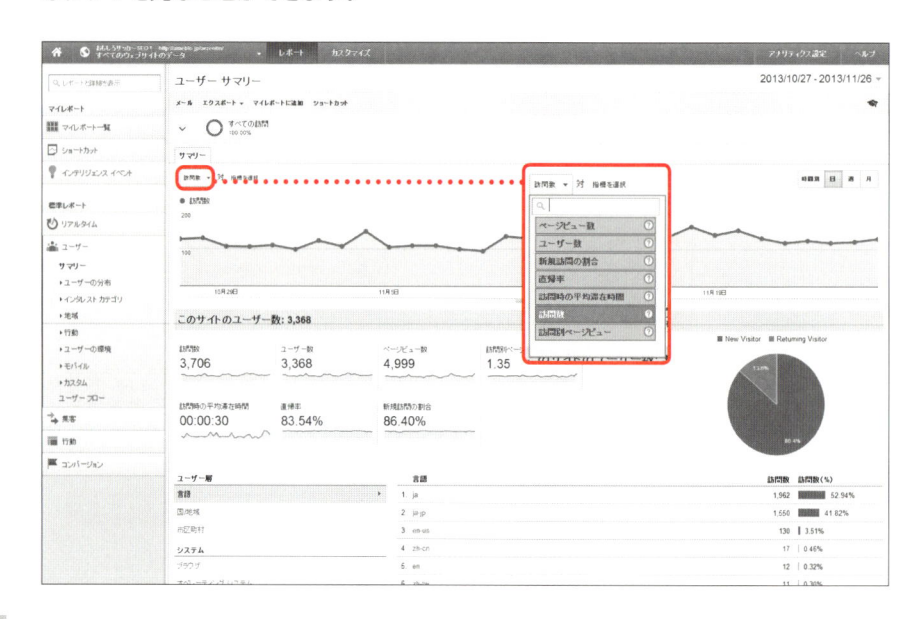

プルダウンメニューの「ユーザー数」は、指定された期間にサイトにアクセスしたユーザーの数です。同じユーザーが何回アクセスしても「1」とカウントされます。例えば「2013年5月27日ユーザー数：7」とあれば、2013年5月27日に7人の人がこのサイトを見ていたということになります。

　「ページビュー数」は、サイトのページが1回表示されるごとにカウントされます。ユーザーがページにアクセスした後でそのページを再度読み込んだ場合、ページビュー数は1追加されます。ユーザーが他のページに移動してから最初のページに戻ってきた場合も、そのページの2回目の表示は、1ページビューとしてカウントされます。

　「訪問数」は、ユーザーがサイトを訪問した回数を表しています。Googleアナリティクスでは、ユーザーがWebサイト上で30分以上操作を行わなかった場合、それ以降の操作は新しい訪問とみなされます。特定の期間内に同じユーザーが2回訪問した場合は、ユーザー数は1回のままで、訪問数は2回と記録されます。

> Googleアナリティクスでは、とっても細かいデータを見ることができるのよ。

> すごいですね！　でもいろいろな機能があり過ぎて、どのデータを見たらいいのか…。難しそうですね…。

> 毎日チェックするのも大変でしょうし、最低限ユーザー数とページビュー数をチェックしておけば大丈夫よっ！

❷ トラフィック画面

　ユーザーがどのようなルートで自分のサイトに到着したか、というのは皆さん興味のあるところではないでしょうか。それを知ることができるのが「トラフィック」画面です。

●サマリー

トラフィック画面の「サマリー」では、ユーザーに関するデータを一目で確認することができます。過去1か月間の訪問数の線グラフが中央に表示され、その下に訪問数、ユーザー数、ページビュー数などのデータが表示されます。左のメニューの「トラフィック」-「サマリー」をクリックします。

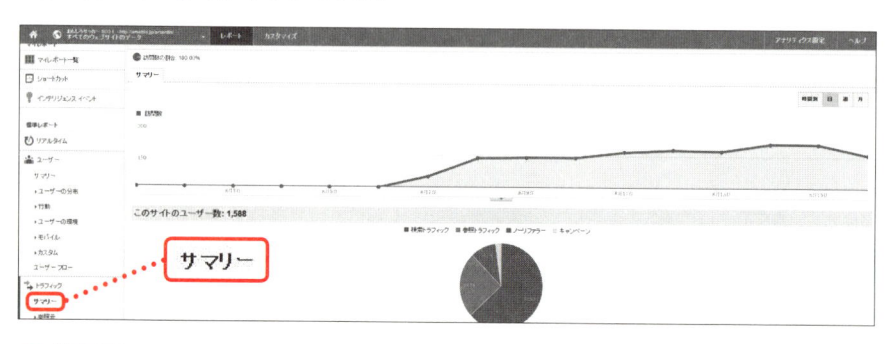

●参照元

トラフィック画面の「参照元」では、どのサイトから自分のサイトにきたかが、URLとして表示されます。これにより、どのサイトに自分のサイトがリンクされているのか、またどこに張ってあるバナーが効果的なのか、などを知ることができます。左のメニューの「集客」の中の「すべてのトラフィック」をクリックします。さらに、画面上部の「参照元」をクリックすると、参照元の一覧が表示されます。

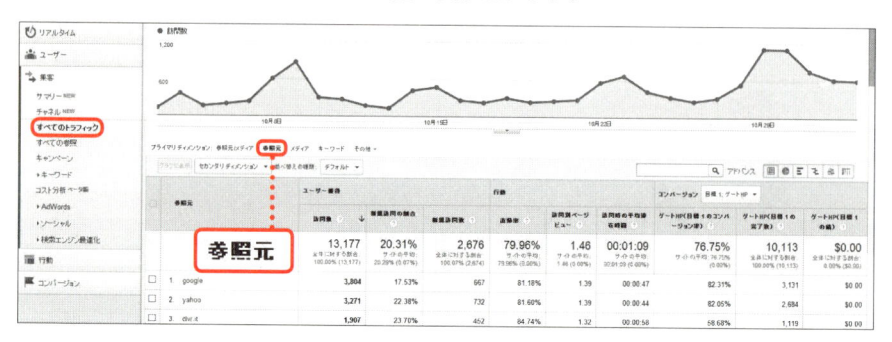

●ノーリファラー

トラフィック画面の「ノーリファラー」では、お気に入りに登録していたり、直接URLを入力するなどして訪問された場合のデータを見ることができます。左のメニューの「トラフィック」-「参照元」-「ノーリファラー」をクリックします。

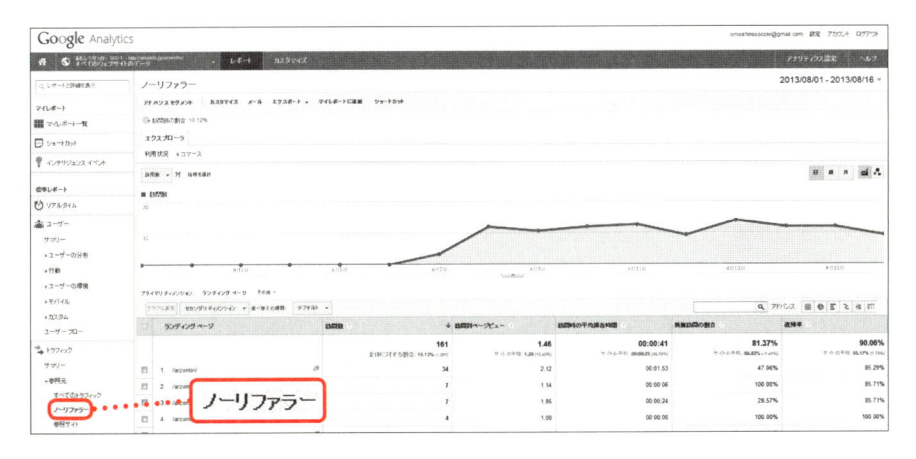

●参照元ソーシャル ネットワーク

左のメニューの「集客」の中の「ソーシャル」をクリックし、「参照元ソーシャル ネットワーク」をクリックします。「Twitter」「Facebook」などのSNSや、無料ブログサービスなどに分けられたアクセスが表示されます。どのサービスから集客ができているのかが一目でわかります。

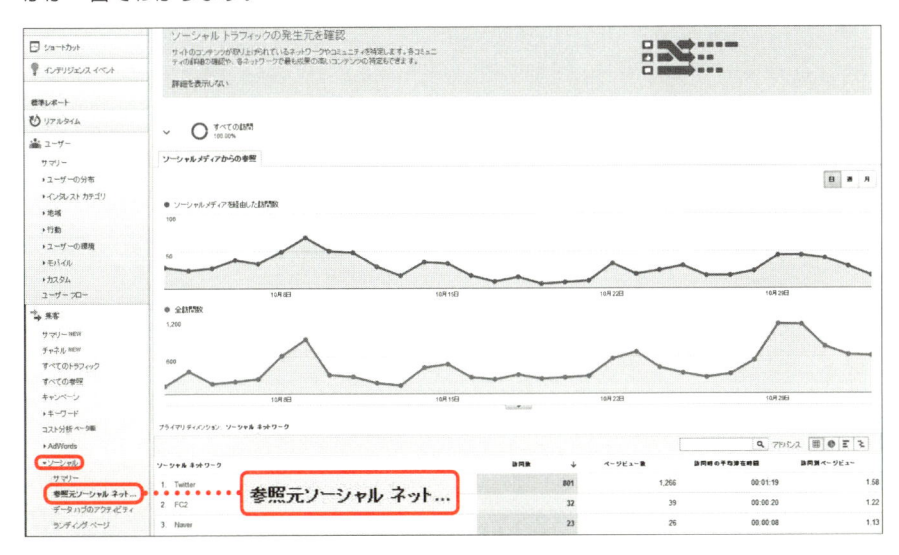

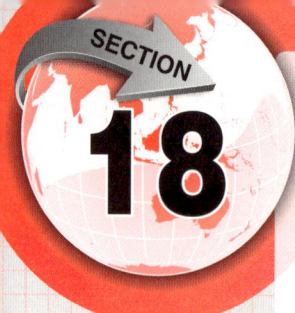

第2章 ▶ SEO 内部対策をしよう!② ～内部リンクを張ろう

SECTION 18
サイト全体のキーワードを見直そう

🔍 商品、コンテンツ、キーワードの関連性を高める

　ここまでＳＥＯ対策をしてみて、改めて、**ターゲットとなるキーワード**について考えてみましょう。1章でターゲットとなるキーワードを決め、2章でそのキーワードで対策をしてきました。ここまで短い時間で一気に作業をした場合、結果が出るまでにもう少し時間がかかりますが、1日1～2ページくらいのペースで順を追って作業してきた場合は、そろそろ効果が見え始めてくる頃だと思います。

　また、Google ウェブマスターツールと Google アナリティクスの設置を終えたことによって、サイトの分析もできるようになりました。また、2章では、サイトのコンセプトを決めて、サイト構造を作りました。いかがでしょうか？　サイトのコンセプトや、サイトのイメージと、最初に決めたキーワードは合っていますか？

　次の段階に進む前に、再度キーワードについて考えてみましょう。サイトのコンテンツ、テキストの中身と、対策しているキーワードがあまりにもかけ離れていれば、当然効果は出にくくなります。「扱っている商品」「サイトのコンテンツやテキスト」「ターゲットとなるキーワード」これらの関連性をより高くすることが重要です。

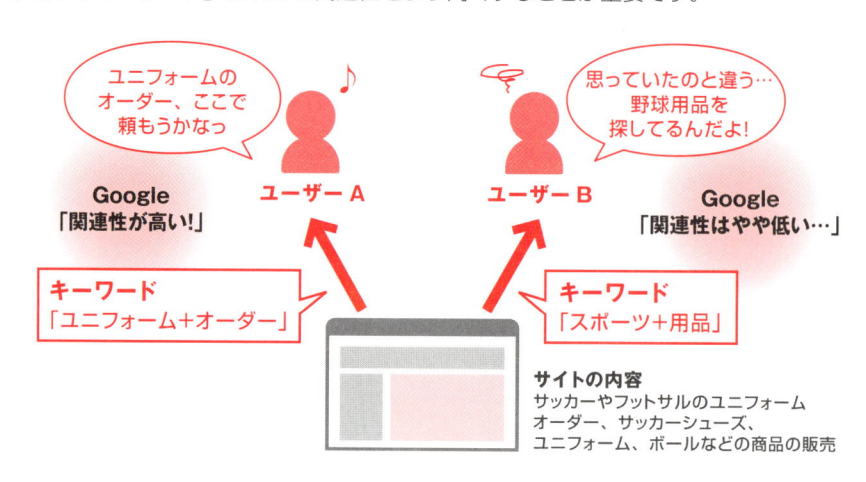

ユーザー A：「ユニフォームのオーダー、ここで頼もうかなっ」
ユーザー B：「思っていたのと違う…野球用品を探してるんだよ!」

Google「関連性が高い!」
Google「関連性はやや低い…」

キーワード「ユニフォーム＋オーダー」
キーワード「スポーツ＋用品」

サイトの内容
サッカーやフットサルのユニフォームオーダー、サッカーシューズ、ユニフォーム、ボールなどの商品の販売

94

Google ウェブマスターツールで「検索クエリ」を確認する

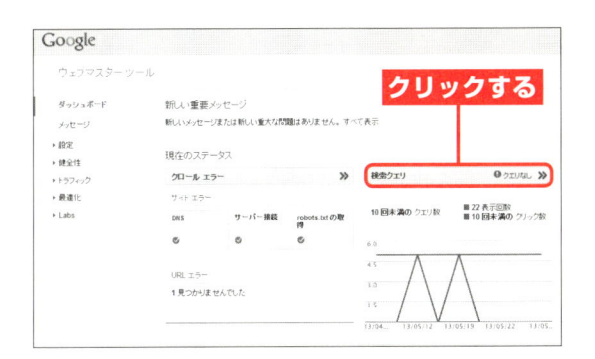

❶P.51 の方法で Google ウェブマスターツールにログインし、「検索クエリ」をクリックします。

❷Google で検索されたキーワードが一覧表示されます。これは実際に Google で検索し、その結果、あなたのサイトに訪れたユーザーのデータです。これを見て、設定したキーワードとユーザーに検索されているキーワードとの間にずれがないかを確認します。あまりにもずれがある場合はキーワードを変更するか、キーワードに関連のあるコンテンツ・テキストをサイトに増やしていく必要があります。それについて詳しくは第3章で説明します。

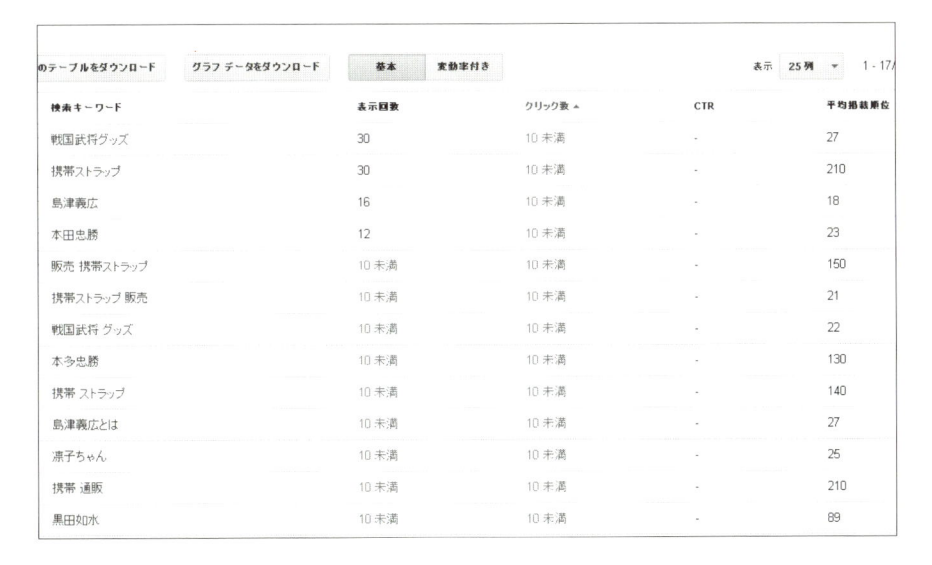

検索キーワード	表示回数	クリック数	CTR	平均掲載順位
戦国武将グッズ	30	10 未満	-	27
携帯ストラップ	30	10 未満	-	210
島津義広	16	10 未満	-	18
本田忠勝	12	10 未満	-	23
販売 携帯ストラップ	10 未満	10 未満	-	150
携帯ストラップ 販売	10 未満	10 未満	-	21
戦国武将 グッズ	10 未満	10 未満	-	22
本多忠勝	10 未満	10 未満	-	130
携帯 ストラップ	10 未満	10 未満	-	140
島津義広とは	10 未満	10 未満	-	27
凛子ちゃん	10 未満	10 未満	-	25
携帯 通販	10 未満	10 未満	-	210
黒田如水	10 未満	10 未満	-	89

Google アナリティクスで現在のキーワードを見直す

次に Google アナリティクスを使って、現在のサイトで使われているキーワードを再確認してみましょう。Google アナリティクスの中の「検索サマリー」という機能によって、「どのキーワードで検索してサイトに訪問してきたか」という情報が確認できます。この情報を確認し、現在サイトに設定されているキーワードと、ユーザーの検索しているキーワードとの間にずれがないかを確認し、修正する判断材料にしましょう。

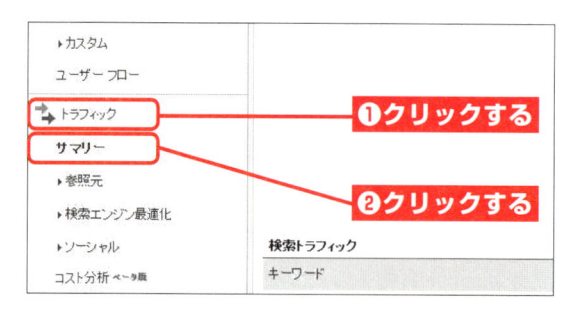

❶左のメニューで、「トラフィック」-「サマリー」をクリックします。

❷右下に検索キーワードの上位10個が表示されます。一番右下の「レポート全体を見る」をクリックします。

❸「検索サマリー」のページが表示されます。右下にある「表示する行数」を増やすか、「>」をクリックすることにより、トップ10以下のデータを確認することができます。

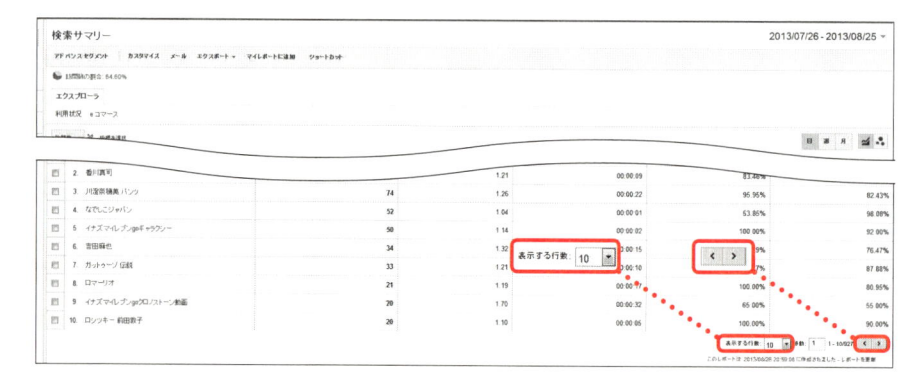

Column 内部対策に便利なツール

　ある程度サイトができ上がったら、自分のサイトを分析してみましょう。P.50で登録した「Googleウェブマスターツール」では、検索キーワードの表示順位や表示回数、クリック率などの詳細データを確認できます。また、ペナルティの通知や、クロールの頻度の変更もできます。「リンク切れ」のチェックも可能です。
　内部対策向けのお勧めツールは、その他にも次のようなものがあります。

≫ SEO内部対策チェックツール「talabagani.jp」
URL http://talabagani.jp/

あなたの会社のサイトのURLとキーワードを入力すると、内部を分析してくれる便利なツールです。

≫ 「SEO TALK」(Googleランキング検索ツール | SEO TALK【無料版】)
URL http://seotalk.jp/

メモ機能つき検索順位チェックツールです。自分のサイトで対策しているキーワードとURLを登録すると、検索順位を毎日自動的に調査し、時系列グラフで表示してくれます。

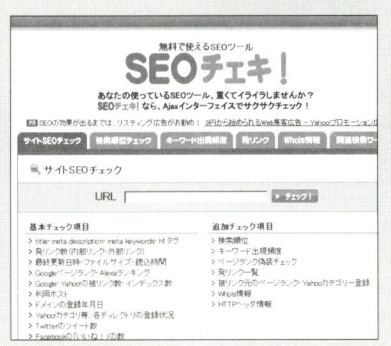

≫ 「SEOチェキ」
URL http://seocheki.net/

便利な総合SEOツールです。「サイトSEOチェック」「検索順位チェック」「キーワード出現頻度」「発リンク」「Whis情報」「関連検索ワード」のサービスが利用できます。

第2章 SEO内部対策をしよう！② 〜内部リンクを張ろう

第2章 まとめ

この章でやったことをチェックしよう！！

- [ ] サイト構造のよい例、悪い例を理解しましたか？
- [ ] サイトのメインコンテンツは決めましたか？
- [ ] サイト内にテキストリンクを適切に設置しましたか？
- [ ] 検索エンジン向けのサイトマップを作成・登録しましたか？
- [ ] パンくずリストは設置しましたか？
- [ ] フッタリンクは設置しましたか？
- [ ] 内部リンクは過剰になっていませんか？
- [ ] Google アナリティクスは設置しましたか？
- [ ] Google アナリティクスでサイトを分析してみましたか？
- [ ] トップページのキーワードについて再確認しましたか？

第3章

LPO対策をしよう!
～ページごとに対策しよう

第1章・第2章では主に「あなたの会社のサイトのトップページの内部対策」をしてきました。しかし、トップページに設定したキーワードだけでは、Webサイトのすべての関連キーワードをカバーすることは難しいでしょう。そこでさらに必要となるのが「LPO対策」です。

Section 19	アクセス解析ツールでサブページを分析しよう
Section 20	ランディングページのキーワードを考えよう
Section 21	ランディングページのタイトルを修正しよう
Section 22	ランディングページのサイト説明文を修正しよう
Section 23	ランディングページにメニューを追加しよう
Section 24	ページを増やしてLPO対策をしよう

1週間後…

トップページのSEO対策はほぼできてきたわねっ。

そうですね！一応アクセスも増えてきましたね！

ガチャ

勝子、谷口さん、いいかしら？社長がお話があると…。

社長室

こんなことでは、コンサルタント契約は打ち切らせてもらうぞ！

S……なんとやらを始めてからわしも順位を見ておったが…。

全然上がらんじゃないか！

ええっ！？

そ、そんなお爺様、いや社長！勝子は一生懸命やってくれています！

社長…SEO対策は、時間がかかるものなんですよ。

なんじゃと！？

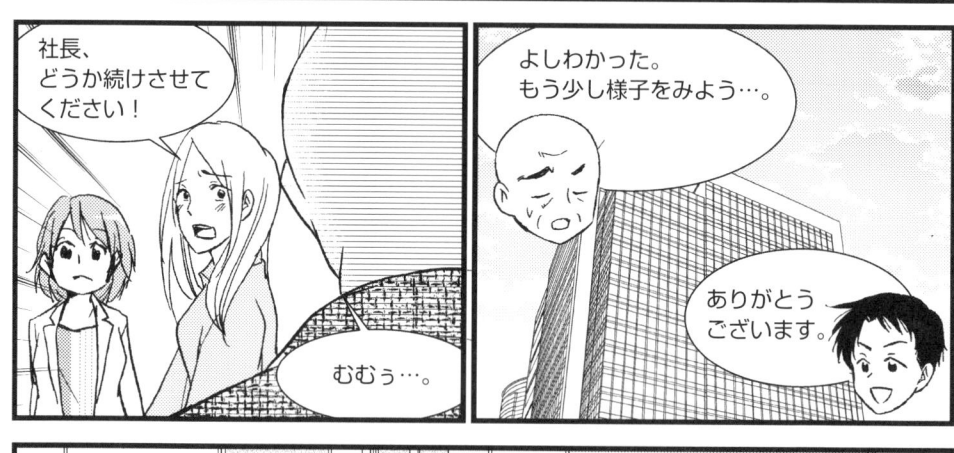

すぐには効果が出にくいものなんです。まだ作業は始まったばかりで、重要な「各ページごとのSEO対策」を十分にしていないんです。

先日トップページの内部対策を行い、アクセスが少しずつ増えてきました。これからさらに対策を進めれば、順位ももっと上がってくると思います。

社長、どうか続けさせてください！

むむぅ…。

よしわかった。もう少し様子をみよう…。

ありがとうございます。

会議室

それでは、SEO対策の会議を始めます。

ご報告としまして、
トップページの SEO 対策、
内部対策を行いました。
アクセスも少し
増えてきました。
がんばりました！
ただそれでも
まだまだ
ですね…。
まだダメなの？
他社は SEO 会社に
依頼して、お金をかけて
対策しています。
まったくお金をかけない
状態でライバルサイトに
勝つのは、なかなか
難しいことなんです。
じゃあ…
だめなの？
いえ、お金をかけなくても
できることはまだあります！
それが
『LPO対策』です！
エル…
エルピーオー
って何？

LPO 対策
LPO というのは、『ランディングページ最適化』の略で、簡単に言えば 1 ページごとの SEO 対策のようなものです。
1 ページごと！
つまり、ユニフォームオーダーのページなら『ユニフォーム + オーダー』。
サッカースパイクの商品『RS- ブラック』の商品紹介ページなら『RS- ブラック』というキーワード。
『日本代表ユニフォーム』の商品紹介ページなら『日本代表ユニフォーム』というキーワードにする…というわけです。
なるほど…全ページそれぞれの内容に合わせて SEO 対策をするというわけですね。
話はわかった！改めて、それで頼むわ。
了解しました。そこでお願いがあるのですが…。
何？

「LPOではページごと、商品ごとにキーワードを決めていかないといけないので、商品知識が必要になります。そこで製造部や営業部の皆さんに力を貸してほしいんです。」

商品
↕
キーワード
↕
商品説明

「わかったわ。製造部長もよろしくお願いします。」

「わかりました。」

【製造部・丸井】

「ご協力ありがとうございます！私だけでなく皆さんそれぞれがSEO対策をしていると思ってください。」

「はいっ！」

「ではLPO対策を始めましょう！」

この章でやること >>>

LPO対策について知っておこう

LPO対策について知ろう

まずはLPO対策することの意味を知り、作業において社内で連携を図りましょう。

STEP ❶ LPO対策とは何かを理解する

LPO対策とは何か、行うとどのようなメリットがあるのかを、上司や各部署の担当者に理解してもらうようにしましょう。

➡ P.108 参照

STEP ❷ Googleアナリティクスで分析する

トップページ以外のページが、どのようにユーザーに閲覧されているのかを確認しましょう。Googleアナリティクスの手順を説明します。

➡ P.110 参照

STEP ❸ 各ページのキーワードを考える

LPO対策とは、1ページごとのSEO対策ということです。1ページ1ページについて、個別のキーワードを設定する必要があります。社内で相談して決めましょう。

➡ P.112 参照

STEP ❹ 各ページのタイトルを考える

<title>タグは SEO に効果のある、重要な要素です。1ページごとのタイトルテキストを考えて修正しましょう。

→ P.116 参照

STEP ❺ 各ページのディスクリプションを考える

検索結果として表示されるのは、トップページとは限りません。各ページのディスクリプションタグの重要性を理解し、効果的な文章を作成しましょう。

→ P.120 参照

STEP ❻ メニューについて考える

「メニュー」は、ユーザーにとっての利便性とともに、SEO としても重要です。ユーザーの使い勝手を意識しながらキーワードを入れ込みましょう。

→ P.122 参照

STEP ❼ ページを増やしてサイト全体を強化する

既存のページの LPO 対策が終了したら、さらにサイト全体の SEO、LPO の強化を考えてみましょう。ページを増やすことでコンテンツを充実させ、それぞれのページに LPO 対策をすることにより、サイト全体の集客力が上がります。

→ P.126 参照

それでは、実際に LPO 対策を始めましょう！

第3回目の会議をしよう

自社製品の強みを分析しよう（会社の人の協力を得る）

LPO対策について理解しよう

　ここで行う会議の内容ですが、まずは上司や各部署の担当者に「LPO」について理解してもらいましょう。「LPO」とは「Landing Page Optimization（**ランディングページ最適化**）」の略で、リスティング広告や**検索エンジンからきたユーザーに、目的の行動（サイト内でユーザーに望む行動）を取ってもらうための施策**です。簡単に言ってしまえば「ページごとのSEO対策」です。

　ランディングページとは、Googleなどの検索サイトから流れてきたユーザーが最初に到着するページのことです。検索結果で表示される「Webサイト」は「トップページ」のことと思いがちですが、実際はすべてのWebページが検索結果の対象になります。ユーザーが商品名で検索すれば、下位の商品ページが検索結果として表示されるということがあり、それを意図的にコントロールするのが「LPO対策」です。

　会議での説明としては、「今までやってきたSEO対策の応用編として、さらに細かく、ページごとのSEO対策をする」と説明してはいかがでしょうか。例えばショッピングサイトであれば、各商品ページごとに関連するキーワードを設定する必要があります。商品ページのキーワード選びや説明文作成には商品知識が必要になりますので、商品の製作担当者、販売担当者、広報担当者などと相談し、どのキーワードがよいかを決めてください。

LPO対策の作業は、すべてのページに対して個別に行うわけですから、どのようなキーワードも設定は可能です。しかし、なんでも自由に決めればよいというわけではなく、「関連性」というものが重要になってきます。例えば、スポーツ用品のショッピングサイトなのに下層ページに「みかん」「餃子」「カブトムシ」など、関連の薄いと思われるキーワードを設定したのでは、とても上位表示は望めません。個別でありながらも、サイト全体の関連性を考えて作業を進めましょう。LPO対策をすることにより、よりユーザーの望む情報に近いページを提示することができ、直帰率（トップページなどを見て他のページを見ずに他のサイトへ移動してしまうこと）を抑え、コンバージョン率（商品の購入やお申し込みなどの確率）を上げることができます。

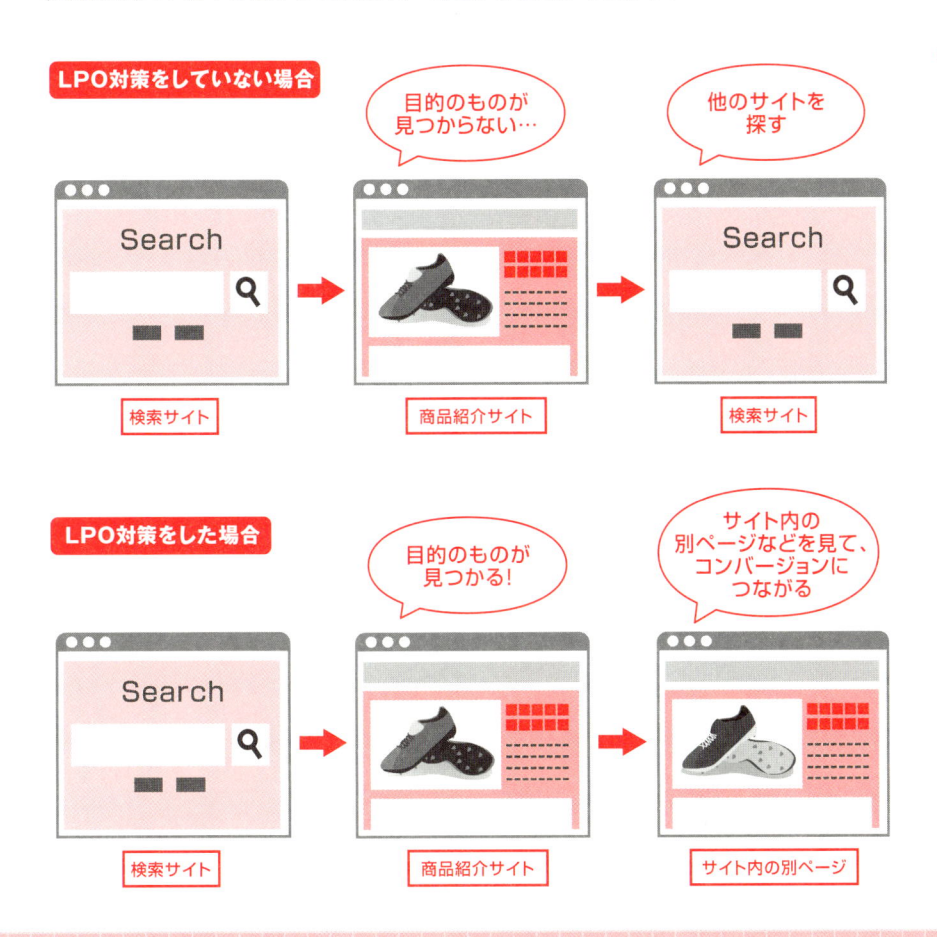

LPO対策をしていない場合

検索サイト → 商品紹介サイト（目的のものが見つからない…）→ 検索サイト（他のサイトを探す）

LPO対策をした場合

検索サイト → 商品紹介サイト（目的のものが見つかる！）→ サイト内の別ページ（サイト内の別ページなどを見て、コンバージョンにつながる）

第3章　LPO対策をしよう！〜ページごとに対策しよう

SECTION 19

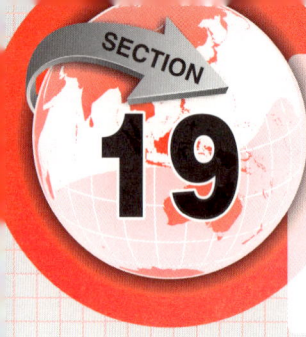

第3章 ▶ LPO対策をしよう！ 〜ページごとに対策しよう

アクセス解析ツールでサブページを分析しよう

🔍 Google アナリティクスで分析する

　アクセス解析ツール「Google アナリティクス」を使って、トップページ以外のページの状況を分析してみましょう。**トップページ以外のページが、どのように閲覧されているのかを分析することは、LPO対策の作業に役立ちます**。Google アナリティクスでは、「ランディングページとしてどのページが多く閲覧されたか」、「それぞれのページがどのくらい閲覧されたか」、「最後に閲覧されたページがどのページか」など、様々な情報を知ることができます。

❶左メニューの「行動」の中の「サイトコンテンツ」をクリックします。

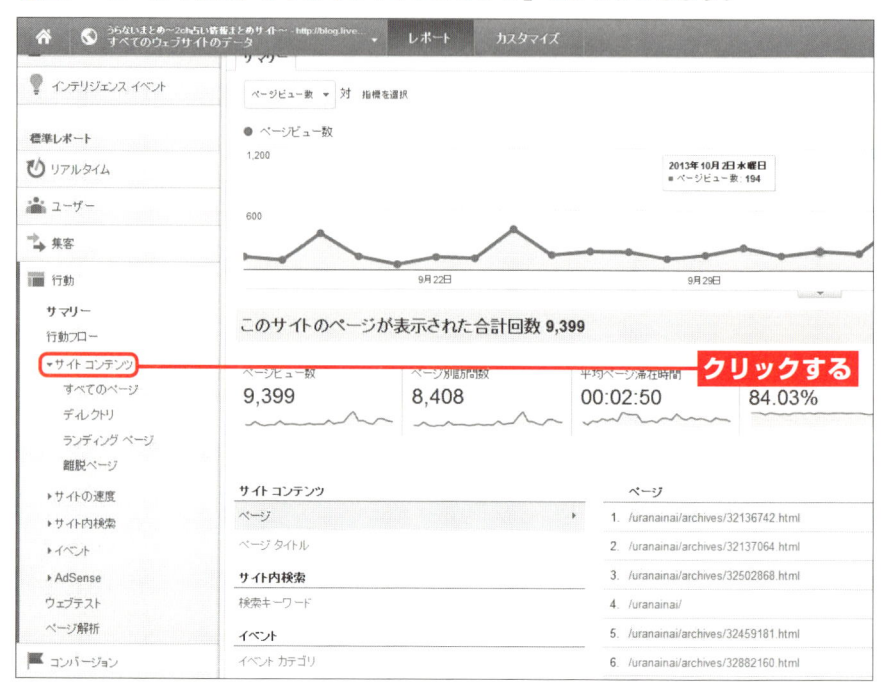

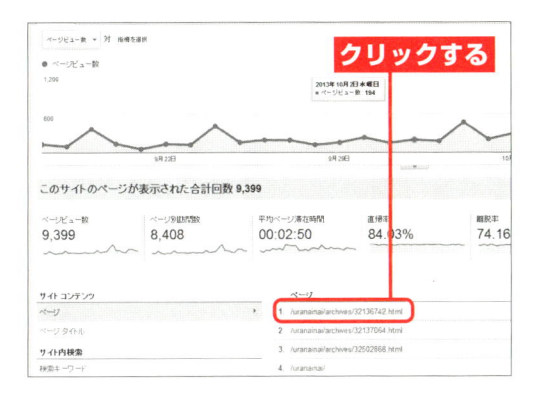

❷ 1階層目のページ一覧が表示されます。閲覧したいページのアドレスをクリックします。

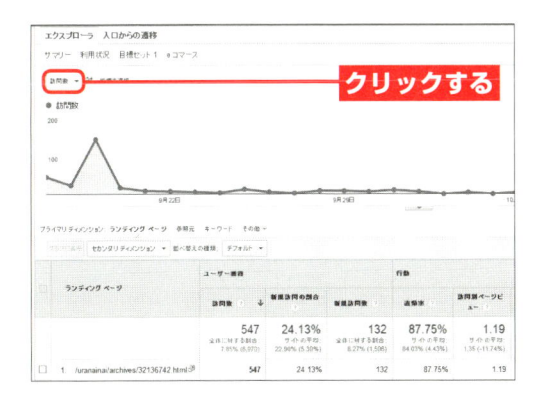

❸ 選んだページの「訪問数」のグラフが表示されます。グラフのプルダウンメニューを切り替えることで「直帰率」「訪問別ページビュー」「新規訪問の割合」などを確認することができます。

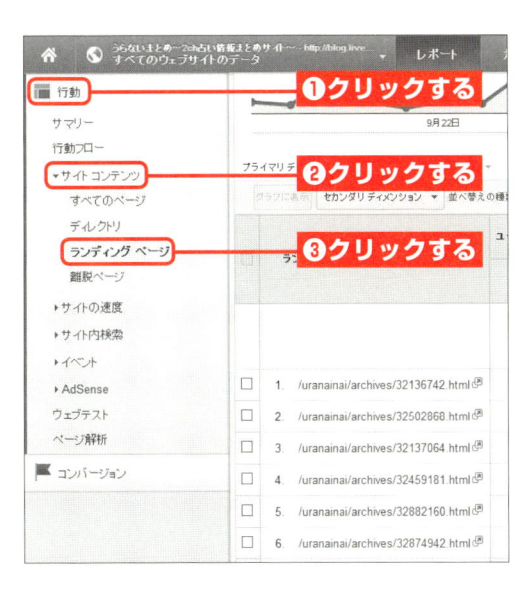

❹ 左メニューの「行動」-「サイトコンテンツ」-「ランディングページ」をクリックすると、ランディングページのグラフと一覧が表示されます。こちらは最初に表示されたページの多い順に表示されています。つまり、現在LPO対策ができているページの一覧です。これを見て、現在LPO対策ができていないページや、どのようなページ作りがLPOとして効果を出しているかがわかります。

SECTION 20

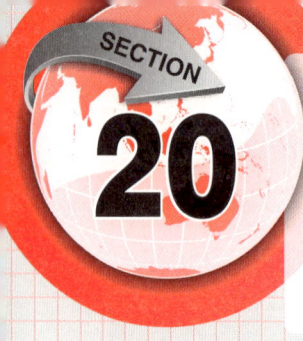

第3章 ▶ LPO対策をしよう！〜ページごとに対策しよう

ランディングページのキーワードを考えよう

個別ページのキーワードを考える

　この章では、前節で行ったページごとの分析をもとに、LPO対策を進めていきます。LPO対策では、ページごとにキーワードを変えてSEO対策を行い、よりニッチなワードで勝負し、検索上位を目指します。そこでここでは、各ページごとのキーワードの考え方について説明します。

　これまでの対策で、仮にスポーツショップ「アールエススポーツ」のサイトを「ユニフォーム」のキーワードで対策していたとします。検索結果でそれなりの順位になっていれば、ユーザーは「ユニフォーム」で検索して「アールエススポーツ」に訪問してきます。「アールエススポーツ」はスポーツ用品の総合販売サイトなので、ユニフォームは多数販売しています。例えばこのユーザーが「アルゼンチン代表のサッカーのユニフォーム」を購入したかったとすると、ユーザーはトップページから閲覧し始めて、目的の「アルゼンチン代表のサッカーのユニフォーム」の商品ページまで、自分でメニューなどからリンクを辿ることで、商品購入ページまで遷移する必要があります。もしかしたら探すのに飽きたり、なかなか目的の商品が見つからずに別のサイトに移ってしまうかもしれません。

　もしこれが、ユーザーが「アルゼンチン代表　サッカー　ユニフォーム」と検索した際、アールエススポーツの「アルゼンチン代表のサッカーのユニフォーム」のページが検索結果で表示されれば、このユーザーは商品を購入してくれたかもしれません。

　このように、**それぞれのユーザーに向けたランディングページを用意し、商品購入や問い合わせなどの確率を上げることがLPO対策**です。

ユニフォームオーダーの説明ページのLPO対策

　例えばユニフォームのオーダー製作や販売をしているサイトに「ユニフォーム」と検索したユーザーが訪れたとします。この場合、「どこかのチームのユニフォームを買いたい」のか、「オリジナルのユニフォームをオーダー製作したい」のか、「ユニフォームの情報を集めたい」のか、目的がわかりません。しかし、「ユニフォーム　フットサル　オーダー」で検索されたとすれば、「フットサルチームのユニフォームをオーダー製作したいお客様」であることが容易に推測されます。そして、「フットサルチームのユニフォームをオーダー製作したいお客様」に対しては、検索結果にサイトのトップページが表示されるよりも、「ユニフォームオーダーの説明や問合せページ」が表示されたほうがお互いにとって有益です。また「ユニフォーム」というキーワードでは大手企業になかなか勝てなかったとしても、「ユニフォーム　フットサル　オーダー」のように複数のニッチなワードになれば競合が減り、上位表示も可能なレベルとなります。**ビッグワードはトップページで狙い、下層ページはスモールワード、複数ワードで対策する**というのが、LPO対策の基本的な考え方です。

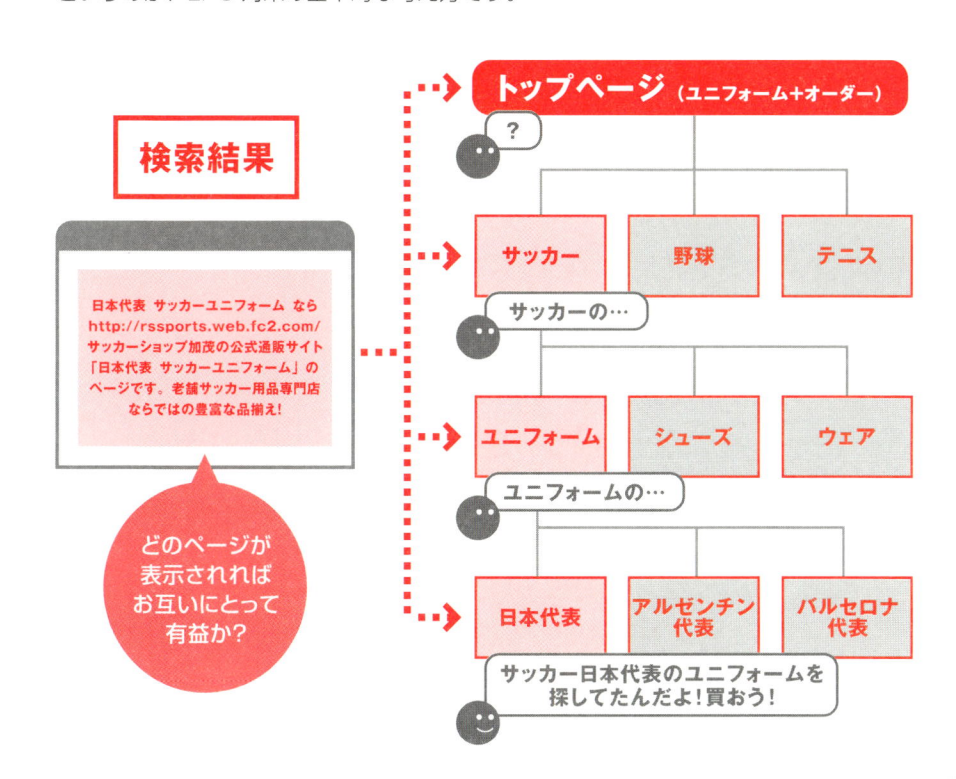

検索結果

日本代表　サッカーユニフォーム　なら
http://rssports.web.fc2.com/
サッカーショップ加茂の公式通販サイト
「日本代表　サッカーユニフォーム」の
ページです。老舗サッカー用品専門店
ならではの豊富な品揃え！

どのページが表示されればお互いにとって有益か？

トップページ（ユニフォーム＋オーダー）
？

サッカー　／　野球　／　テニス
サッカーの…

ユニフォーム　／　シューズ　／　ウェア
ユニフォームの…

日本代表　／　アルゼンチン代表　／　バルセロナ代表
サッカー日本代表のユニフォームを探してたんだよ！買おう！

🔍 商品名でのLPO対策

　商品ページのLPO対策をする場合、まず考えるべきことは、「その商品名が認知されているか、検索されているか」です。例えばサッカースパイク「パラメヒコ」が、ユーザーの間で有名な商品名なのであれば、「パラメヒコ」を欲しいユーザー向けに、「パラメヒコ」を販売ページのキーワードに設定すればよいわけです。

　しかし、「パラメヒコ」が有名でない場合は、別のキーワードに置き換えることで集客する必要があります。例えば①「サッカー」+「スパイク」、②「サッカー」+「シューズ」、③「サッカー」+「スパイク」+「激安」などです。ただし商品が有名でない場合でも、＜title＞タグの中に商品名は入れておいたほうがよいでしょう。

▲「パラメヒコ」での検索結果

▲「サッカー」+「スパイク」+「激安」での検索結果

商品名+型番での LPO 対策

細かい商品名や型番など、一般的ではないキーワードをあえて使用する方法もあります。例えばサッカーシューズ「パラメヒコ」という商品のメーカー型番は「101418」です。これはあくまで推測ですが、もし検索エンジンで「パラメヒコ　101418」と検索しているユーザーがいたら、それは相当「パラメヒコ」を購入したいと考えている方なのではないでしょうか？

▲「商品名」+「型番」での検索結果

上の画像が、Googleで「パラメヒコ　101418」のキーワード検索をしたときの検索結果です。実際に、「パラメヒコ　101418」というキーワードをタイトルに入れているサイトが表示されます。1位のサイトは①「パラメヒコ」②「101418」の順に＜title＞タグを記述し、見事1位になっています。商品ページに、商品の型番までを含めることを検討してみてもよいかもしれません。

プーマのサッカーシューズ「パラメヒコ」の例

① 「パラメヒコ」+「101418」
② 「パラメヒコ」+「101418」+「PUMA」
③ 「パラメヒコ」+「101418」+「プーマ」

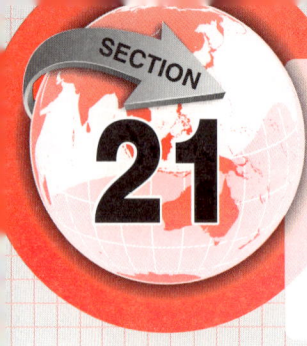

第3章 ▶ LPO対策をしよう！〜ページごとに対策しよう

SECTION 21 ランディングページのタイトルを修正しよう

各ページのタイトルを考える

　LPO対策の重要な作業として、サイトの各ページの<title>タグを修正しましょう。<title>タグが重要で、大きな役割を果たすことはすでに説明しましたが、LPO対策においてはさらに重要なものとなります。このタイトル次第で検索結果が変わってきますので、よく考えてキーワードやタイトルの文章を決めてください。

　最初に、各ページのタイトルに入れるキーワードを考えます。キーワードの決め方はトップページと同様で、それを1ページごとのものとして置き換えてください。

　次に、そのキーワードを含んだ文章を考えましょう。キーワードが適切でも、文章に魅力がなければクリックはされません。

　また、ページの目的も考慮しましょう。例えば、商品販売ページであれば「商品名」「型番」「商品のジャンルやカテゴリ」などを伝えるべきですし、会社概要のページであれば「会社名」「業種」「事業内容」「所在地」などを伝えることになります。また、キャンペーン情報などのページであれば「割引」「激安」「限定」「お買い得」などの情報を入れたほうがよいかもしれません。このような点を考慮して文章を考えましょう。

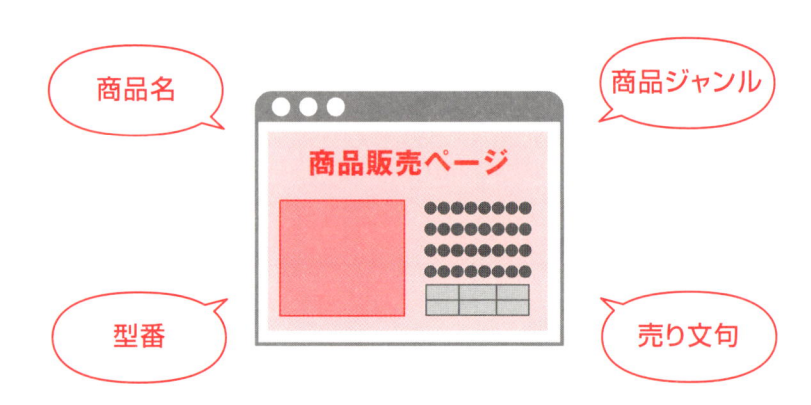

商品名　　　　　商品ジャンル
　　　　商品販売ページ
型番　　　　　　売り文句

各ページの<title>タグを修正する

　文章が決まったら、<title>タグの修正作業に入りましょう。各ページのHTMLファイルを開き、<title>タグを修正します。

　それぞれページごとに決定したキーワードを加えた文章を、<title>タグに挿入していきます。最も定番なのが、**先頭にページの説明文を入れ、その後ろにトップページで使用しているタイトルをそのままくっつける**というものです。個別ページの対策をしつつ「何のサイトか」ということもわかるのでお勧めです。ただし、文章が長くなり過ぎないように注意しましょう。

　<title>タグの文字数は、大まかな目安で全角32文字くらいと言われています。それ以上になると表示されない場合があり、見た目にもよくない印象を与えてしまうので、うまくまとめて作成してください。2013年6月時点で、Yahoo! JAPANでは全角33文字、Googleでは全角32文字となっています。

制服・ユニフォーム製造、販売 メーカーのカーシーカシマ
制服・ユニフォームのことならカーシーカシマ株式会社。オフィス制服をはじめ、様々な介護制服・工場作業着・医療制服、飲食店などワークシーンにピッタリのユニフォームや制服を製造、販売しています。
www.karsee.com/ - キャッシュ

ユニホーム？ユニフォーム？ - ユニホーム（ユニフォーム）のマメ知識と ...
事務服・オフィスウェアからスポーツまで、ユニホーム（ユニフォーム）についての知識と購入に役立つユニフォーム情報をナビゲート。
www.ユニホーム.net/uniformQ/ - キャッシュ

▲Yahoo! JAPANの表示

制服・ユニフォーム製造、販売 メーカーのカーシーカシマ
www.karsee.com/ ▼
制服・ユニフォームのことならカーシーカシマ株式会社。オフィス制服をはじめ、様々な介護制服・工場作業着・医療制服、飲食店などワークシーンにピッタリのユニフォームや制服を製造、販売しています。

ユニフォーム1 Yahoo!店 - Yahoo!ショッピング
store.shopping.yahoo.co.jp/uniform1/index.html ▼
ユニフォームの専門店です。作業服、白衣、事務服を特別価格にてお買い求めいただけます。

▲Googleの表示

<title>タグ修正の例

<title>タグの修正例ですが、キーワードを挿入しつつ、そのページの説明になるような文章を入れていきます。

サッカースパイク『RS BLACK-01』の商品ページの場合

トップページのタイトルが全ページに設定されている例

<title>ユニフォームオーダー.com </title>

ページごとに< title >タグを修正した例①

<title>サッカースパイク『RS BLACK-01』｜ユニフォームオーダー.com</title>

▲「ユニフォームオーダー.com」の前にページの説明（商品の説明テキスト）を追加し、区切りに「｜」を使用した例です。「｜」は半角のほうがよいです。

ページごとに< title >タグを修正した例②

<title>サッカースパイク『RS　BLACK-01』商品ページ</title>

▲ページの説明（商品の説明文）のみにした例です。これはキーワードを「サッカー」「スパイク」「RS　BLACK-01」などにしており、サイト名では対策していません。

ページごとに< title >タグを修正した例③

<title>『RS　BLACK-01』｜サッカー・フットサルのユニフォームオーダー.com</title>

▲「ユニフォームオーダー.com」の前に商品名のみを入れ、区切りに「｜」を使用してサイト全体のアピールを加えたタイトルです。

ページごとに< title >タグを修正した例④

<title>サッカースパイク『RS BLACK-01』が30% OFF！ユニフォームオーダー.com</title>

▲「ユニフォームオーダー.com」の前にページの説明（商品の説明テキスト）を追加し、商品の宣伝・アピールを加えたタイトルです。

ページごとに＜ title ＞タグを修正した例⑤

＜title＞『RS　BLACK-01』型番 120101 サッカースパイク商品ページ＜/title＞

▲商品の説明文のみにしたタイトルで、型番を入れた例です。

ページごとに＜ title ＞タグを修正した例⑥

＜title＞埼玉県浦和市のスポーツメーカー有限会社ＲＳ｜会社概要＜/title＞

▲会社概要のタイトルの例です。会社名、所在地、業種を入れています。特にこのページが検索結果に表示される必要はないので、キーワード「ユニフォーム＋オーダー」を入れていません。

Column　各ページのタイトルを修正する際の注意点

　実は全ページに同じタイトルをつけてしまうと、検索エンジンからの評価が下がる可能性があります。LPO 対策の作業はそのリスクを減らすことも兼ねています。
　また、各ページのタイトルの中から、サイト名を取ってしまうのも１つの方法です。それによって、新しく入れたキーワードの独自性が上がり、そのページの特徴が明確になります。また、文字数が長くなる問題も解消します。
　最後に、単語の羅列をタイトルにすることは避け、文章にするようにしましょう。

＜title＞サッカー スパイク RS BLACK-01 激安 販売＜/title＞

▲単語の羅列にしてしまったタイトルの例です。

＜title＞サッカーのスパイク「RS BLACK-01」を激安価格で販売しております。＜/title＞

▲文章にしたタイトルの例です。

SECTION 22

第3章 ▶ LPO対策をしよう！〜ページごとに対策しよう

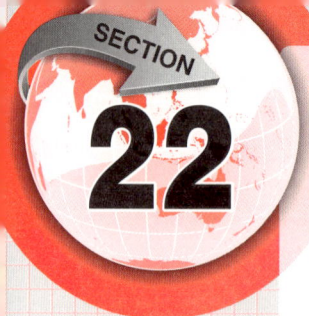

ランディングページの サイト説明文を修正しよう

各ページのサイト説明文を考える

　LPO対策の作業として、各ページのサイト説明文（ディスクリプション）を個別に作成し、それぞれ修正しましょう。ディスクリプションが記載されていないと、意図していない部分が検索結果に表示されてしまいます。検索結果に表示されるのは、トップページとは限りません。あらゆるページが検索される可能性があります。それをコントロールするには、各ページのディスクリプションを正しく記述することが重要です。

　また、トップページと同じディスクリプションがすべてのページに入っているのもよくありません。トップページのディスクリプションをコピーして他のページに使用していると、検索エンジンからの評価が下がるとも言われています。**ページごとに個別のサイト説明文を作成しましょう。**

　ディスクリプションの長所は、「ＰＲの文章を書けること」です。ユーザーの興味を惹くような文章を存分に書けるところですので、個別ページのキーワードを入れつつも、ユーザーがその文章を閲覧したときにクリックしたくなるような文章を考えてください。

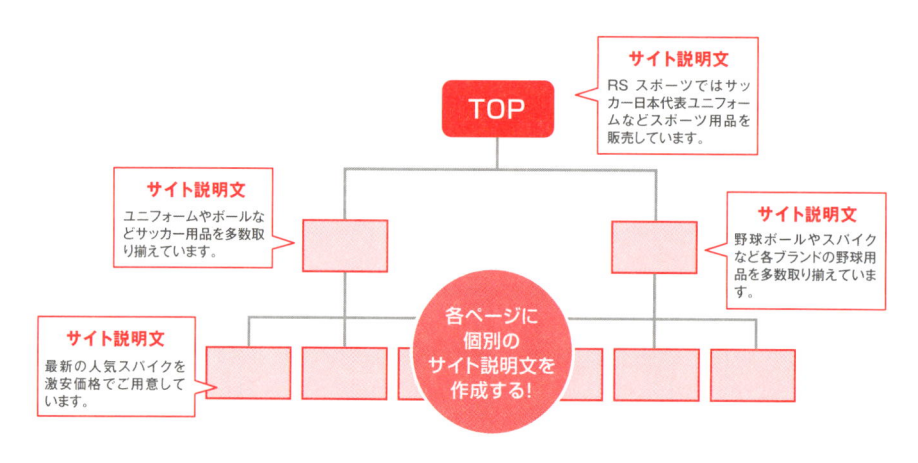

サイト説明文
RSスポーツではサッカー日本代表ユニフォームなどスポーツ用品を販売しています。

TOP

サイト説明文
ユニフォームやボールなどサッカー用品を多数取り揃えています。

サイト説明文
野球ボールやスパイクなど各ブランドの野球用品を多数取り揃えています。

サイト説明文
最新の人気スパイクを激安価格でご用意しています。

各ページに個別のサイト説明文を作成する！

各ページのディスクリプションを修正する

　各ページの HTML ファイルを開き、<meta name="description" content="○○" /> の○○のテキストを修正します。各ページごとに決めたキーワード（ここでは仮に「シューズ」「パラメヒコ」とします）を入れ、そのページの独自の説明文を作成して修正します。

　このとき、検索エンジンに表示された場合に、ユーザーにクリックしてもらえるような文章を作成しましょう。また、文章の長さにも注意してください。おおよそ、64 文字程度がよいのではないかと言われています。キーワードは 2 回程度入れると、その効果が強化されるようです。

プーマのサッカーシューズ「パラメヒコ」の紹介ページの場合の例

例①

<meta name="description" content=" プーマのサッカーシューズ「パラメヒコ」の紹介ページです。サッカーのユニフォームオーダーならユニフォームオーダー .com へ " />

▲ ディスクリプションの先頭に、ページの説明（商品説明）を加えた例です。

例②

<meta name="description" content=" プーマのサッカーシューズ「パラメヒコ」の紹介ページです。有限会社アールエスの運営する「ユニフォームオーダー .com」というサイトです " />

▲ ページの紹介文に会社・サイトの説明を加えた例です。

例③

<meta name="description" content=" プーマの大人気サッカーシューズ「パラメヒコ」が激安 30％ＯＦＦのキャンペーン中！パラメヒコ買うならユニフォームオーダー .com" />

▲ ページのキーワードに加え、商品の宣伝やアピールを入れた例です。

SECTION 23

第3章 ▶ LPO対策をしよう！〜ページごとに対策しよう

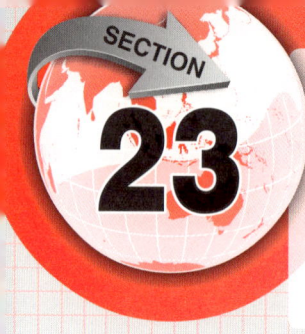

ランディングページにメニューを追加しよう

各ページにメニューを入れる

　LPOの作業として、各ページごとの「メニュー」の改善を検討しましょう。各ページのサイドや上部にある「メニュー」は、サイトを訪れたユーザーが最もよく使う部分であり、ナビゲーションの役割を果たします。そのサイトのカテゴリ、コンテンツに素早く辿り着くためのもので、ユーザーの利便性を高める効果があります。それと同時に、「リンクを張る」ことにより、SEOの効果も上がります。そのため、厳密にSEO対策をするのであれば、画像ではなくテキストのリンクにするのが理想です。しかしデザイン性も重要な部分ですので、上司やデザイナーとよく話し合って決めてください。

　SEO対策においては、「メニュー」部分で効果を上げながら、かつペナルティにも注意しなければなりません。特に、メニュー項目にキーワードを詰め込み過ぎるとペナルティになってしまいます。メニューにはキーワードを無理に挿入する必要はありません。ユーザビリティを優先して、見やすい、操作しやすいメニューを作成してください。

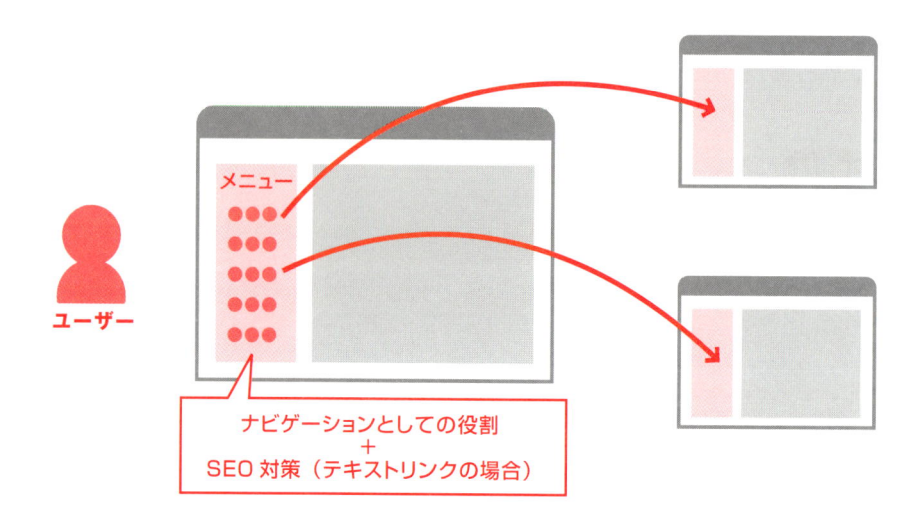

ユーザー

メニュー

ナビゲーションとしての役割
＋
SEO対策（テキストリンクの場合）

🔍 SEO効果の高いサイドメニューとは

　次の例は、「サイドメニュー」の例です。アンカーテキストのリンクにより、各ページにリンクを張っています。ここではスポーツメーカーの名前にリンクが張ってありますので、それぞれのリンク先のページが「スポーツメーカーごとのページ」として検索エンジンに評価されます。また、リンク元ページも「スポーツメーカー」の関連ワードでのSEO効果が高まります。

サイドメニューのHTMLタグの例

```
<h2><img src="images/submenu_title_menu.gif" width="178" height="80" /></h2>
<h3> メーカー・ブランド </h3>
<ul class="submenu">
<li><a href="#"> プーマ </a></li>
```

第3章 LPO対策をしよう！〜ページごとに対策しよう

```
<li><a href="#">アディダス</a></li>
<li><a href="#">ナイキ</a></li>
<li><a href="#">アシックス</a></li>
<li><a href="#">ニューバランス</a></li>
<li><a href="#">フィラ</a></li>
<li><a href="#">ペナルティ</a></li>
<li><a href="#">スボルメ</a></li>
<li><a href="#">ケレメ</a></li>
<li><a href="#">アスレタ</a></li>
<li><a href="#">カッパ</a></li>
<li><a href="#">アンブロ</a></li>
<li><a href="#">ヒュンメル</a></li>
<li><a href="#">ロット</a></li>
<li><a href="#">デレルバ</a></li>
<li><a href="#">トッパー</a></li>
<li><a href="#">ディアドラ</a></li>
</ul>
```

▲ 販売商品のメーカー・ブランド名を見出しにし、サイドメニューを作成した例です。

メニューにどうしても画像を使いたい場合

　メニューがボタンやバナーなどの画像になっているWebサイトをよく見かけます。しかし、すでに解説した通り、検索エンジンは画像に含まれているキーワードを認識できない場合が多々あります。そのため、基本的には**テキストリンクをお勧め**します。それでもあえてデザインをよくしたいということであれば、**CSSを利用して、テキストリンクの背景に画像を表示させる**方法もあります。

　例えば、次ページの例の左サイドメニューは画像ではありません。背景の部分だけが画像で、CSSで指定しています。文字の部分は、HTML画像の上にテキストとして表示させています。

　それでもなお、もっと見栄えのよいサイトにしたい、という場合は「デザイン」と「見栄え」を追求した画像のメニューと、「SEO」を意識したテキストリンクのメニューを両方用意するというのも1つの案です。この方法のデザイン面以外のメリットとしては、キーワードの使い過ぎによるペナルティを気にせずに、画像内に情報を入れ込むことができます。

背景に画像を使用し、その上にテキストを表示させる場合の例

HTML

```
<h3>メーカー・ブランド</h3>
<ul class="submenu">
<li><a href="#">プーマ</a></li>
```

Ⓐ 背景に画像を使用し、その上にテキストを表示させる場合のＨＴＭＬの例です。

CSS

```
.submenu a {
   background-image: url(images/submenu_bg.gif);      /* 背景画像 */
   background-repeat: no-repeat;
   background-position: top;    /* メニューの背景画像の上半分を表示さ
せる設定 */
   display: block;
   padding-right: 5px;
   padding-left: 10px;
   color: #000000;              /* 文字色 */
   text-decoration: none;
   line-height: 40px;
   height: 40px;
   width: 163px;
}
```

Ⓐ 背景に画像を使用し、その上にテキストを表示させる場合のＣＳＳの例です。

背景に画像を使ったメニュー

SECTION 24

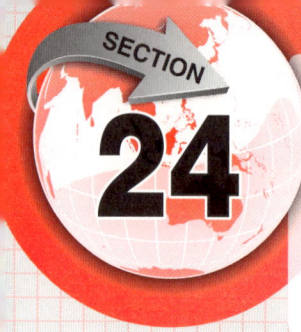

第3章 ▶ LPO対策をしよう！ 〜ページごとに対策しよう

ページを増やして LPO 対策をしよう

🔍 商品・コンテンツごとにページを作る

　ここまでＬＰＯ対策を行ってページのカスタマイズをしてきました。既存のページ修正・カスタマイズが一段落したところで、さらにサイト全体を強化させてみましょう。具体的には次のような方法で**新たにページを増やしつつ、それぞれのページのＬＰＯ対策を行っていきます**。

❶**あなたの会社の商品で、まだ商品ページを作成していない商品があれば、その商品の個別ページを作成しましょう。**

❷**いくつかの商品がまとまって紹介されていたら、分割し、それぞれの個別ページを作成しましょう。**

　サイト内でのそれぞれのページ内容の関連性が重要であることは、すでに説明しました。新しく増やしたページが各カテゴリやメニューに関連するもので、なおかつ細分化された内容であればあるほど、そのサイトのトータルでのまとまりがよくなり、サイト全体の評価も上がります。

　右ページの例で言えば、３階層目の「ユニフォーム」というカテゴリのページは、その下の階層に［日本代表］［アルゼンチン代表］［バルセロナ］［浦和レッズ］……といったユニフォーム関連の商品ページがたくさんあるほど、「ユニフォームのページ」としての関連性が高くなります。そして２階層目の「サッカー」というカテゴリのトップページは、その下の階層に［ユニフォーム］［シューズ］［ボール］［ウェア］など、サッカーに関するコンテンツが多いほど、サッカーのページとしての関連性が高まります。そして最終的にトップページは、「スポーツ」のサイトとしての総合評価が高まり、それがＳＥＯとしての評価を上げることになるのです。

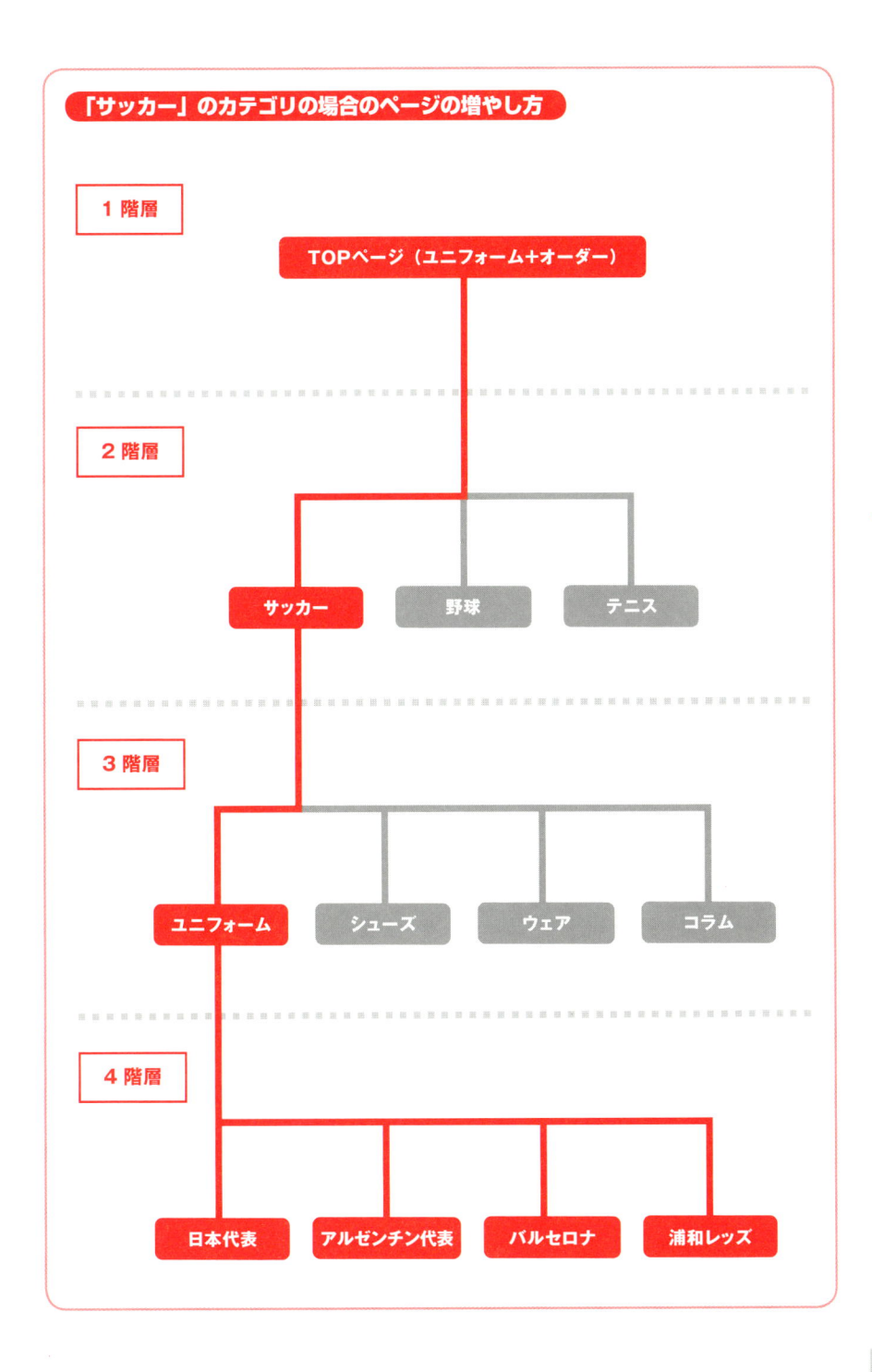

「サッカー」のカテゴリの場合のページの増やし方

1階層
- TOPページ（ユニフォーム+オーダー）

2階層
- サッカー
- 野球
- テニス

3階層
- ユニフォーム
- シューズ
- ウェア
- コラム

4階層
- 日本代表
- アルゼンチン代表
- バルセロナ
- 浦和レッズ

第3章　LPO対策をしよう！〜ページごとに対策しよう

ページ追加の注意点

　ページを増やすにあたって気をつけたいのが**重複コンテンツや重複ページの作成について**です。Googleは検索順位を上げることを目的とした「重複コンテンツ・ページの量産」に対して、ペナルティを与えると言っており、それに該当してしまう可能性があります。

　また、作成している側としてはそれぞれオリジナルのコンテンツを作成しているつもりでも、検索エンジンはあくまでHTMLのソースを見て判断します。そのため、オリジナルであるテキストの分量が少ない場合、周囲のメニューなどのソースが他のページと同様なため、「重複コンテンツ」とみなされてしまう可能性があります。特に簡易的な商品紹介ページや用語集など、文章量の少ないページの場合は注意が必要です。

　それを回避するにはやはり、**「オリジナルのテキストを多くする」ことが必要**です。商品説明文などをなるべくたくさん書きましょう。また、内容の重複したページがないかどうか、チェックをおこたらないようにしましょう。

　ペナルティになってしまったかどうかは「Googleウェブマスターツール」で確認できます。万が一ペナルティになってしまった場合は直ちに修正し、再審査を依頼することも可能です。

> オリジナルのテキストを多くして、重複コンテンツとみなされないよう注意しよう！

Column: ウェブマスターツールでペナルティの確認をする

　スパムなどの行為があったサイトに対して、Googleが通常のアルゴリズムによるサイトのランクダウンとは別に、手動によってペナルティを与えた場合（「手動による対策」と呼ばれています。それに対して通常のアルゴリズムによるペナルティは「自動による対策」と呼ばれます）は、ウェブマスターツールで確認ができます。

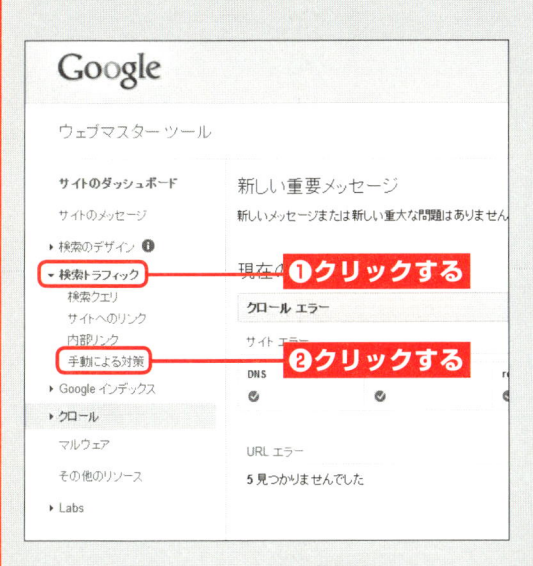

❶ウェブマスターツールにログインします。サイトのURLをクリックし、ダッシュボードのページを開きます。ダッシュボードのページの左メニューにある「検索トラフィック」をクリックし、「手動による対策」をクリックします。

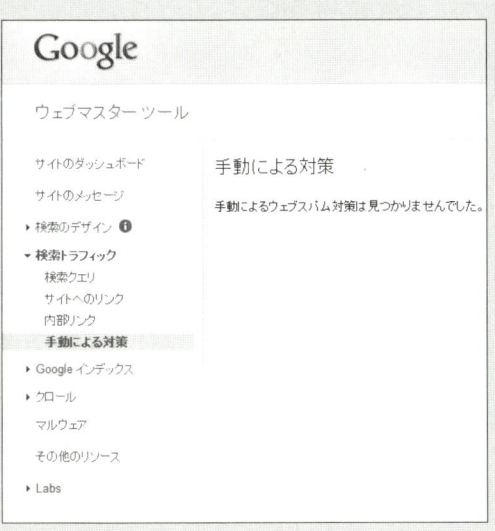

❷こちらで「手動による対策」の確認ができます。通常、ペナルティがない場合は「手動によるウェブスパム対策は見つかりませんでした。」と表示されます。もし違反などがあった場合は、「不自然なリンクに対して必要な対策を実施します。」などの警告が表示されます。万が一そのような事態が起きた場合には、詳細データをよく読み、修正をしたのちに「再審査リクエスト」をすることにより改善することができます。

第3章 まとめ

この章でやったことをチェックしよう！！

- [ ] LPOの意味と役割について理解しましたか？
- [ ] 自社製品の強みなどについて話し合いましたか？
- [ ] サブページをGoogleアナリティクスで分析しましたか？
- [ ] 現在のランディングページと効果のあるキーワードを確認しましたか？
- [ ] ランディングページのキーワードを決めましたか？
- [ ] ランディングページの＜title＞タグにキーワードを入れましたか？
- [ ] ランディングページのディスクリプションタグにキーワードを入れましたか？
- [ ] 各ページに「サイドメニュー」はありますか？
- [ ] ページを増やすなど、サイト全体の強化について理解しましたか？

第4章

SEO外部対策をしよう!
～サテライトサイトを作ろう

多くの企業サイトにおいて、ブログの活用というのは欠かせない時代となっています。例えば「スタッフブログ」で情報を伝えたり、コラムなどでお客様に興味を持ってもらったり。また、SEO対策としては「外部リンク」、集客としては「アクセスアップ」の効果もあります。

Section 25	相互リンクの申し込みをしよう
Section 26	被リンクの購入について考えよう
Section 27	サテライトサイトを作ろう
Section 28	サテライトブログの記事を書こう
Section 29	ブログからメインサイトにリンクを張ろう
Section 30	ブログ記事のネタを考えよう
Section 31	サテライトブログのSEO対策をしよう
Section 32	ブログ作成の注意点を知ろう
Section 33	ブログの運営方針を決めよう

よし!
サイト全体の内部対策が
ほぼ終わったわね。

順位は…
80位か。

いやー……
疲れましたよ。

アクセスもゆるやかに
増えていますよ!
どんどん対策して
いきましょう!
次は何をすればいいですか?

これからは、
外部対策に
入るわよ!

外部対策!?

外部対策は、外部からの被リンクを得ることでサイトの評価を高めるもので、大きなSEO効果があるのよっ。
メインサイト
外部サイト
外部リンク
そうなんですか！
普通はSEO業者に被リンクを頼むんだけど…。
お金がかかるんですか？
そうよ。例えばリンク100本で月5万円とか……。
予算がありませんよぉ〜…。
でしょうね…。まぁ、SEO業者に安易に依頼するのも、リスクがあるしね。
リスクですか？
あくまでもよくない業者の話だけど、リンクの方法によってはペナルティを受けてしまう可能性もあるのよ。
ええっ！？
そこで今回は、
ペナルティを受けないやり方で、被リンクを自前で作ることにしましょう。
できるんですか？

はい、アメブロとか
Seesaa とか
ですよね？
アメーバブログ
Seesaa ブログ
FC2 ブログ
ココログ
Yahoo! ブログ
・・・etc
無料ブログサービス
は知ってるよね？
そう！今回は
スタッフブログ
を作るの。
ああ！
それ知り合いの
会社でもやってますよ！
それを、この
会社でもやるのよ。
商品に
特化した
ブログ記事
サッカー
観戦の
ブログ記事
メイン
サイト
キャラクター
に関する
ブログ記事
これは、『サテライトサイト』といって
メインサイトの周りに衛星のように
つながっているサイトを作り、
メインサイトへリンクすることに
よって、メインサイトの
被リンク効果を上げる作戦よ！！

自分で作った
サイトでも
効果が
あるんですか？
○○.co.jp
ドメイン
××.ameba.ne.jp
別ドメイン
同じドメイン内にサイトを
作っても『内部リンク』に
なってしまうけど、
ブログサービスだったら
ドメインが違うから、
『外部リンク』になるのよ。
ところで
あの……。
何を書いたら
よいか……？
ネタがなくて…。
ユーザー目線で
考えてみるといいわよっ。
メインサイトに書けないような
くだけた話題や、時事ネタとか…。
具体的にはそうね…
『会社の新商品の情報』
『過去の商品紹介』
『商品のエピソード』が基本。
その他にも
スポーツショップなら
『サッカーの時事ネタ
についての話題』
なんかもいいかもね。
結構自由に書いて
しまって
いいんですかね？
そこが問題なのよね…
あくまで
『スタッフブログ』なのだから、
『有限会社アールエス』の
看板を背負っているという
ことを忘れないようにしてね。
会社や商品のイメージを
損ねるような言動は
控えたほうがいいわね。
逆に言えば、使い方
によっては、会社や商品
のイメージアップも
できるということよ！

それから、ブログから
ホームページにリンクを
張ることを忘れずに！
そのときリンクをする
テキストには、
キーワードを入れること！
キーワードですか？
お得な情報は
コチラへ！
うん。キーワードを入れない、
例えば、『こちら』という
テキストから
メインサイトへのリンクを
すると、『こちら』
というキーワードを強調
してしまうことになるの。
よくそういうリンク
見ますけど……。
もし『ユニフォームオーダー』
というキーワード
で対策しているなら、
『ユニフォームオーダー』
というテキストにリンクを
張るべきなのよ。
お得な情報は
ユニフォームオーダーへ！
なるほど～。

これらのことを踏まえて、
何かブログ記事を書いてみて。

まずは…とりあえず
商品について書いてみましょう。
メインサイトに商品紹介のページ
があったでしょ？
それをもとに書いてみなよっ。

あ、この
ページですね。

なん………

【メニュー】
「コラム」
シューズ
スパイク
RS-001

【生産者のマル秘エピソード！サッカースパイク RS-001】
「　　　　　　　　　」

だと………！？

商品名だけで、
商品の説明文が
何も書いてない…。

まずはブログの前に
メインサイトの商品
情報を書きましょう。

はい…。

この章でやること >>>

外部対策とは何かを知ろう

外部リンクの確認をする

まずは外部リンクについての認識を深めましょう。そして、外部リンクの張り方について、「リンクしてよいサイト」「いけないサイト」について社内で確認しましょう。

STEP ❶ 被リンクを増やす

「被リンクを増やす」ということについて知りましょう。一般的な被リンクの増やし方の例として「相互リンク」の説明をします。

➡ P.142 参照

STEP ❷ 被リンクの購入について考える

「SEO業者に依頼して被リンクを購入する」ということは1つの方法ではありますが、リスクを伴う行為でもあります。ここでは、もし被リンクを購入することになった場合の注意点などについても説明します。

➡ P.146 参照

STEP ❸ サテライトサイトを作る

サテライトサイトの役割や効果について知りましょう。ここでは例として、スタッフブログの作り方について説明します。

➡ P.150 参照

第4章 SEO外部対策をしよう！〜サテライトサイトを作ろう

STEP ❹ サテライトサイトとしてのブログを書く

サテライトサイトとしてのスタッフブログの記事の書き方について説明します。手順に沿って作成しましょう。

→ P.156 参照

STEP ❺ サテライトサイトから被リンクを得る

作成したサテライトサイトからメインのサイトへ、リンクを張りましょう。これにより被リンクを得ることができます。

→ P.160 参照

STEP ❻ 記事の文章について考える

ここではスタッフブログとしての記事はどのような内容が適切か、またどのような記事が効果的なのかを知りましょう。

→ P.166 参照

STEP ❼ サテライトサイトのSEO対策をする

これまでSEO対策をしてきたことの復習・応用として、サテライトサイトの内部対策をしましょう。

→ P.170 参照

STEP ❽ ブログの注意点について知る

サテライトサイトとしてスタッフブログを運営する場合の注意点について説明します。よいブログ記事と悪いブログ記事について知りましょう。

→ P.174 参照

それでは、実際に外部対策を始めましょう！

> 第4回目の会議をしよう

外部サイトに対する社内ルールを決めよう

外部対策の意味を知ろう

ここからは「外部対策」を始めます。外部対策を行うにあたり、社内で会議を行いましょう。**自分のサイト以外のサイトから張られたリンクのことを外部リンクと言います。**「被リンク」「発リンク」なども同様の意味です。SEOにおいてなぜ外部リンクが重要なのかというと、検索エンジンがWebサイトを評価する基準の1つとして、「被リンク」（他のサイトからあなたのサイトに張られているリンク）があるからです。仮にあなたのサイトが多くのサイトからリンクをされていたとします。「たくさんのリンクをされる」には理由があるはずです。例えばあなたのサイトが「便利だから」「話題のサイト

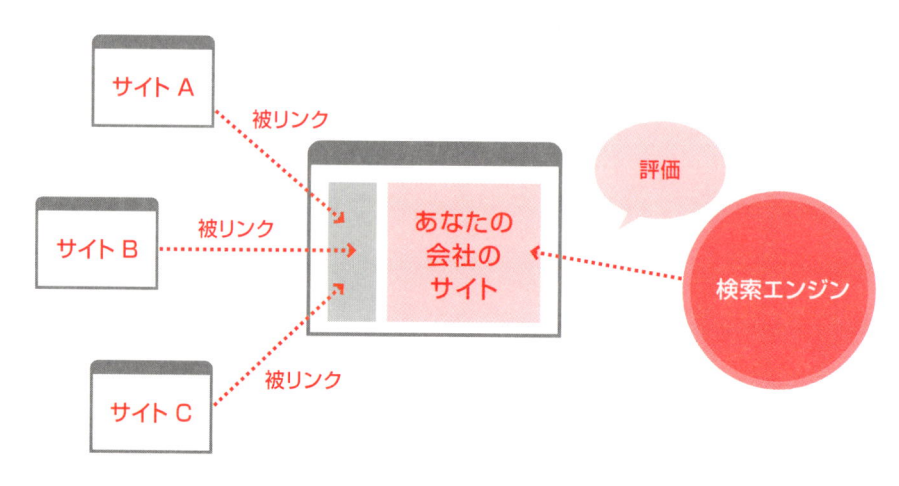

だから」「面白いコンテンツがあるから」「人に紹介したい商品があるから」……などが考えられます。このような理由から、検索エンジンは「多くのリンクをされている→ユーザーから支持を集めている→ユーザーにとって有益なサイト」という判断をします。こうしてあなたのサイトの評価が上がり、検索結果の順位が上がるというわけです。

　現在において、いまだ外部リンクは効果的なＳＥＯ対策です。それと同時に、内部対策のように簡単に行えるものでもありません。労力がかかったり、お金がかかったりします。この章では、外部対策のいくつかの方法についてご案内します。

　会議としては、まず「相互リンク」についての確認をとりましょう。相互リンクは、自分のサイトと関連のあるサイトなどとの間でお互いにリンクを張り合うことですが、相手先のサイトが、リンクを張って差し支えないサイトかどうかをよく確認し、上司などに承認をとってください。社内で相談すべき内容は「会社としてリンクしたくないサイト」についてです。その理由は例えば「競合他社なのでその会社の宣伝（リンク）はしたくない」「事業は競合していないが、ライバルグループの企業なので宣伝（リンク）はしたくない」「サイト内容、コンテンツ内容が気に入らないので宣伝（リンク）はしたくない」などです。この件については上司の個人的な考え方により様々ですので、よく相談してください。

　外部リンクの購入については、基本的にはお勧めできませんが、どうしてもという場合は、リスクを考え、慎重に検討してください。

　また、サテライトサイトとしてブログを運営する場合は、その可否についてや内容について、事前に会議で協議しておきましょう。

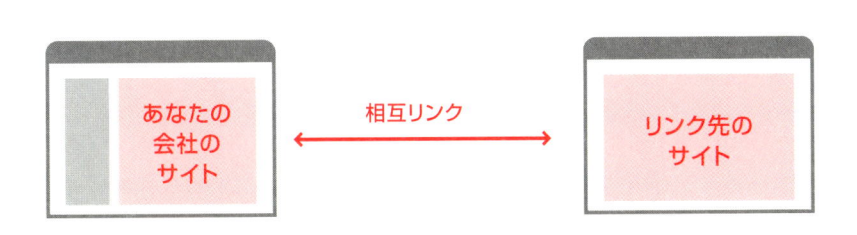

第4章　ＳＥＯ外部対策をしよう！〜サテライトサイトを作ろう

あなたの会社のサイト　←相互リンク→　リンク先のサイト

相互リンクをしても問題ないサイトかどうかを
じっくりと社内で検討しよう

SECTION 25

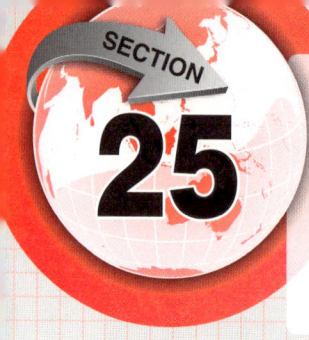

第4章 ▶ SEO外部対策をしよう！〜サテライトサイトを作ろう

相互リンクの申し込みをしよう

🔍 基本の外部対策は「相互リンク」

　無料でできる代表的な外部リンク集めは**相互リンク**です。文字通り、**外部のサイトと自社のサイトとの間でお互いにリンクを張ること**です。残念ながら、こちらから申し込んだとしても相互リンクをしてもらえるかどうかは相手次第です。ですが無料でできることですし、やって損はありませんので、業務に支障のない範囲で根気よく続けてみてください。関連性のある、質の高い外部リンクを得るチャンスだと捉えましょう。

　相互リンクを申し込むにあたっては、あらかじめこちらからリンクをしておくのがマナーです。まずは**リンク集のページを作成**しましょう。リンク集作成にあたっての注意点ですが、1ページの中にリンクが多過ぎないようにしましょう。現状は100リンク以内にするべきと言われています。「ページを増やす」という意味でも、適度に分割してページを増やすとよいでしょう。ただし、あまりに多くてユーザーを迷わせても不親切ですので、リンクをカテゴリ分けするなどの工夫をして便利にしましょう。

　リンクを張る際のポイントですが、ただサイト名でリンクを張るよりも、サイトの紹介文テキストを記載することで、リンク集ページのコンテンツとしての価値やＳＥＯ効果が上がります。それは、リンクされたアンカーテキストと周辺のテキストの関連性も

◀ サイトについての説明文が記載されたリンク集です。SEO対策としてもよい効果を望めますし、サイト管理者にも喜ばれます

検索エンジンが見ているからです。また、説明があるとユーザーやそのサイトの管理者への印象もよくなります。

🔍 リンクの申し込みをする

リンク集にリンクを張り終わったら、そのサイトの管理者宛にメールなどでリンクしたことを伝え、**相互リンクの依頼**をしましょう。メールの文章は、くれぐれも失礼のないよう注意してください。

メールの例

✉ 相互リンク申し込みの件

宛先：
件名：相互リンク申し込みの件

（サイト名〇〇〇）管理人様

はじめまして。
有限会社ＲＳの白石と申します。
『ユニフォームオーダー .com』（http://rssports.web.fc2.com/）というサイトを運営しております。
この度は（サイト名〇〇〇）
をこちらのページ
http://rssports.web.fc2.com/link.html
にてリンクさせていただきました。
つきましては相互リンクをしていただけますと幸いです。
お忙しいところ誠に恐れ入りますが、
どうぞ宜しくお願い致します。

有限会社ＲＳ 広報部
白石竜次
【サイト】ユニフォームオーダー .com
http://rssports.web.fc2.com/
E-mail：info@rssports.com

関連性の高いサイトからの被リンクが重要

以前のように、「とにかく被リンクがたくさんあれば順位は上がる」という時代は終わりました。今は「関連性」が重視される時代となっています。「リンクはサイトへの支持票」と言われますが、リンクの内容によっては「1票の価値」が変わってきます。関連性のあるサイトからの1票と関連性のないサイトからの1票は重みが違いますし、スパムサイトからの1票は迷惑行為になります。相互リンクはこちら側でじっくり選べますので、リンクする相手サイトをよく見極めましょう。

また、いくら関連性が高いといっても、ライバル会社のサイトであれば、考えものです。ライバルサイトを益することにもなりかねないので、注意が必要です。

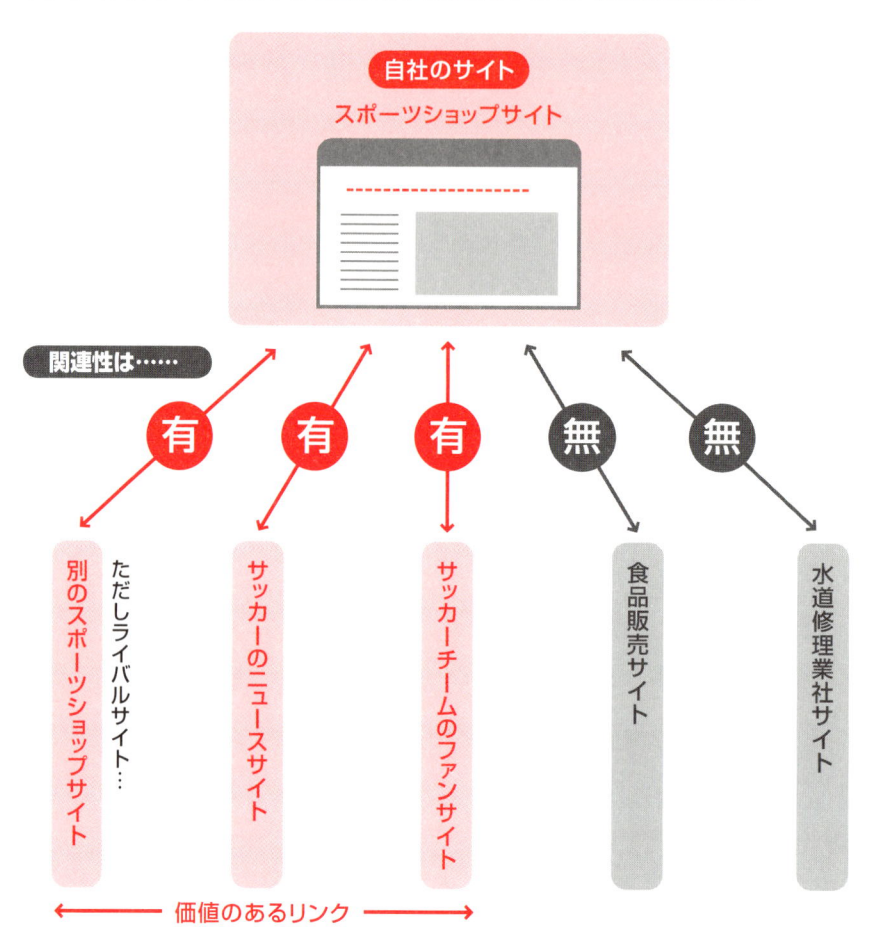

自社のサイト
スポーツショップサイト

関連性は……

有	有	有	無	無
別のスポーツショップサイト（ただしライバルサイト…）	サッカーのニュースサイト	サッカーチームのファンサイト	食品販売サイト	水道修理業社サイト

← 価値のあるリンク →

質の高いサイトがよい

　関連性の高いサイトの質が高ければ、さらに好ましいです。「質の高いサイト」とは、ページランクが高かったり、Yahoo! カテゴリなどに登録されていたりしていて、**検索エンジンから高い評価を得ている**サイトのことです。また、独自ドメイン自体の歴史が古く実績のあるサイトも、質が高いサイトであると言えます。

　関連性があり、なおかつ質の高いサイトからの被リンクが多いほど、あなたのサイトの評価も高くなります。ぜひ、価値あるサイトからの被リンクを増やしていきましょう。

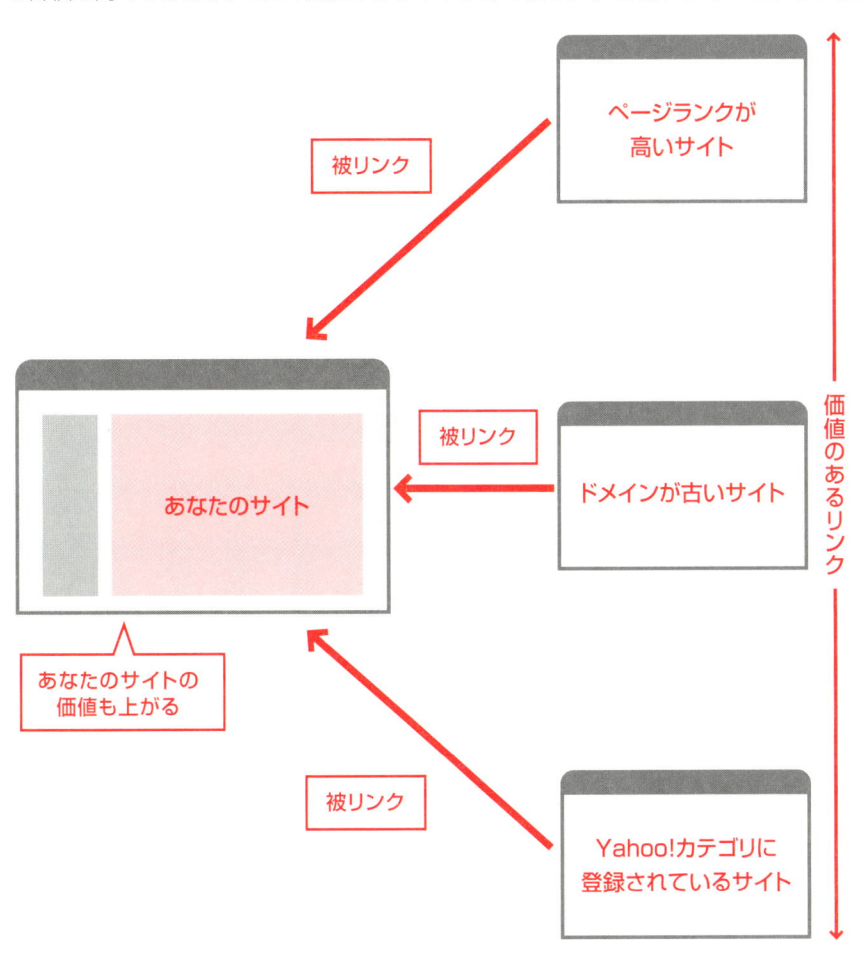

図：ページランクが高いサイト、ドメインが古いサイト、Yahoo!カテゴリに登録されているサイトからの被リンク（価値のあるリンク）により、あなたのサイトの価値も上がる

SECTION 26

第4章 ▶ SEO外部対策をしよう！〜サテライトサイトを作ろう

被リンクの購入について考えよう

被リンクの購入でペナルティを受ける可能性

　お金はかかりますが、手軽に被リンクを集める方法として、業者に被リンクの購入を依頼するという手法があります。しかし、この手法は**「検索エンジンスパム」と判断され、検索エンジンからペナルティを受ける可能性が高く、お勧めできません。**

　検索エンジンスパムとは、SEO対策をする際に、不正な方法でロボット型検索エンジンを攻略し、検索結果の上位を得ることを言います。検索エンジンにスパム行為と判断された場合、該当ページは検索エンジンからペナルティを受け、検索順位を大幅に下げられてしまいます。Googleでは、スパム行為取締り強化のため、常にアルゴリズムを改良しており、最近も**パンダアップデート**と**ペンギンアップデート**というアルゴリズムの変更を行っています。

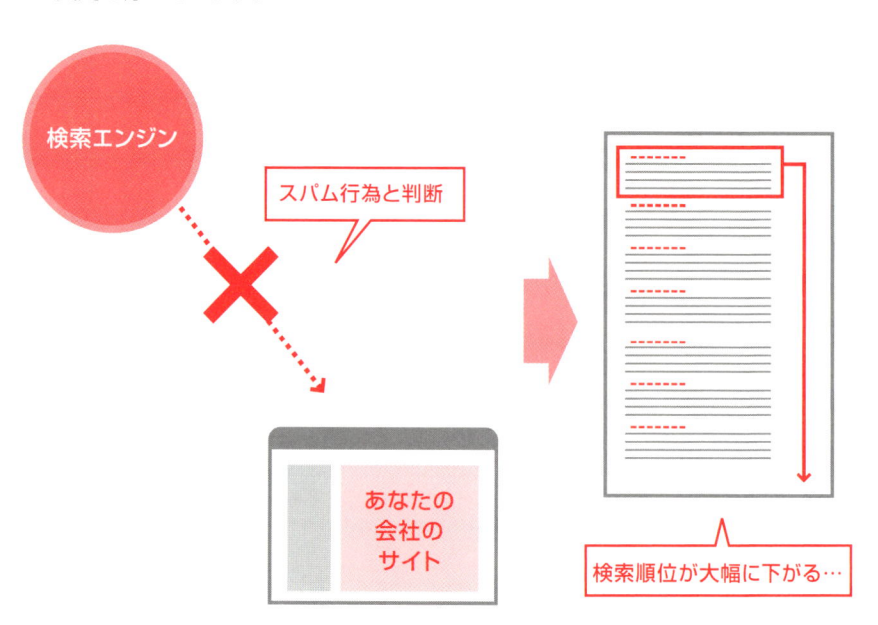

検索エンジン → スパム行為と判断 ✕ → あなたの会社のサイト → 検索順位が大幅に下がる…

被リンクの購入はなぜペナルティ？

Googleはガイドラインで、

> 「PageRankを転送するリンクの売買」
> 「PageRankを転送するテキスト広告」
> 「他のサイトに配布される記事やプレス リリース内の最適化されたアンカーテキスト リンク」
> （例：『場には多くの＜婚約指輪＞が流通しています。＜結婚式＞を開くなら、＜最高の指輪＞を選ぶべきです。また、＜花＞や＜ウェディング ドレス＞を購入する必要もあります。』※＜＞部分がリンク）
> 「質の低いディレクトリやブックマークサイトのリンク」
> 「さまざまなサイトに分散するウィジェットに埋め込まれたリンク」
> 「さまざまなサイトのフッターに分散して幅広く埋め込まれたリンク」

https://support.google.com/webmasters/answer/66356?hl=ja&rd=1

などのリンクについてはガイドライン違反だとしています。これは、意図的に操作して上げられた検索結果の順位は、ユーザーに対して有益ではないという考えからです。検索結果の順位は、自然に人気を獲得し、リンクが張られたものを上位表示するべきだということです。ですからGoogleは、お金を払って登録することでSEO効果を上げる「ディレクトリサイト」に対して、「rel="nofollow" 属性を＜a＞タグに追加するように」という指導をしました。nofollowタグを追加すると、リンクされたサイトに効果は渡りませんので順位は変動しません。

例

```
<meta name="robots" content="nofollow" />
```

被リンクを購入しなければならない場合の注意点

どうしても順位を上げたい、かつ資金もある場合はやはりリンクの購入を考えると思います。SEO対策業者の中には現状のペナルティ基準に当てはまるにも関わらず販売している業者もありますが、一方できちんと質の高いサイトからリンクをしてくれる業者もいます。やはり業者の見極めが大事になってきます。どういったサイトからどのようにリンクを張ってもらえるのかを教えてもらい、その情報をよく確認するべきです。ディレクトリサイトなどでは、nofollowタグが設定されていないかどうかも確認が必要です。nofollowタグが設定されている場合はリンクの効果があなたのサイトに渡りませんので、そのことをよく考えて登録や相互リンクをしてください。

パンダアップデートとは？

パンダアップデートとは、**「コンテンツファーム」と呼ばれる、コピー&ペーストで大量に作成したような質の悪いサイトに、ペナルティを与えるために行われたGoogleのアルゴリズム変更のこと**です。具体的には、独自のコンテンツや付加価値のある情報が掲載されていない品質の低いページ、実質のないアフィリエイトページ、誘導ページ、自動生成されたコンテンツ、コピーされたコンテンツなどが挙げられます。

パンダアップデートを避けるためには、コピー&ペーストによって生まれる内容の重複したページを減らすことです。主にテキストにおいて、コピー&ペーストで量産せずに、各ページオリジナルのテキストを増やすようにします。また、テキストが少ないページは結果的に重複しやすいので、基本的には各ページオリジナルで、かつテキストの量を増やすことを心がけましょう。

ペンギンアップデートとは？

ペンギンアップデートとは、**Googleのガイドラインに違反したスパム行為を行ったサイトにペナルティを与えるために行われたGoogleのアルゴリズム変更のこと**です。パンダアップデートとの違いは、パンダアップデートがコンテンツの質の低いサイトの排除を目的としているのに対し、ペンギンアップデートは過剰なSEO対策や外部リンクの意図的な操作などのガイドライン違反を排除するという目的であることです。

ペンギンアップデートのペナルティを受ける主な例として、以下のものが挙げられます。

●有料リンクの購入
SEO業者からリンクを購入すること。ただ、「SEO業者からリンクを購入すること」自体がスパムなのではなく、一部のSEO業者のリンクの張り方が問題ということです。質の低い大量のサイトや無関係な内容のサイトからのリンクが違反になります。

●ワードサラダ
プログラムによって意味の通じない文章を作成し、それにより内容の薄いサイトを大量に作成し、そこからリンクを張る行為のことです。

●キーワードの詰め込み
「キーワードスタッフィング」とも言います。ターゲットとするキーワードを、本文テキストやメタタグなどに過剰に詰め込む行為、本文テキストと関係ないキーワードを大量に詰め込む行為を言います。

●外国語サイトからの被リンク
あなたのサイトが日本語で作成されている日本人向けのサイトの場合、海外の言語で作成されたサイトからのリンクは不自然と検索エンジンは考えます。そのこと自体が違反ではなく、本文に関係がないという意味での違反になります。

　ペンギンアップデートを避けるには、とにかくスパム行為を行わないことです。以下の点に注意して、自分のサイトを見直してみましょう。

- キーワードの詰め込み過ぎに注意するなど内部リンクの改善を行う
- 質の低いリンク集やディレクトリサービスからのリンクを外す
- 被リンク先を確認し、質の低いリンクはリンク元やSEO会社に依頼し、リンクを外してもらう

SECTION 27

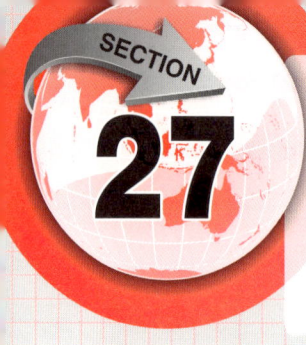

第4章 ▶ SEO 外部対策をしよう！〜サテライトサイトを作ろう

サテライトサイトを作ろう

🔍 サテライトサイトを作る

　ここでは外部対策を自分で行う具体例として**サテライトサイト**（衛星サイト）の作り方をご案内します。よく「社長ブログ」や「スタッフブログ」などを見たことがあると思いますが、あれが「サテライトサイト」です。**メインサイトのまわりに「衛星」として存在するサイト**というイメージです。

　SEO 対策において、「サテライトサイト」は自分でできる外部対策の1つです。基本的な目的は「メインサイトへのユーザーのアクセスの獲得」と「外部リンクの獲得」です。サテライトサイトを作ることで、「被リンクを集められる」「サイトへユーザーを導く入り口を多くして集客を増やせる」「日記を書くことで会社や商品に親しみを持ってもらえる」「会社運営とは言えメインサイトとは離れているので内容的に自由度が上がる」などのメリットがあります。

　今は無料でブログやホームページを作成できるサービスがありますので、お金をかけずに複数のサテライトサイトを作成し、外部リンクを増やすことができます。

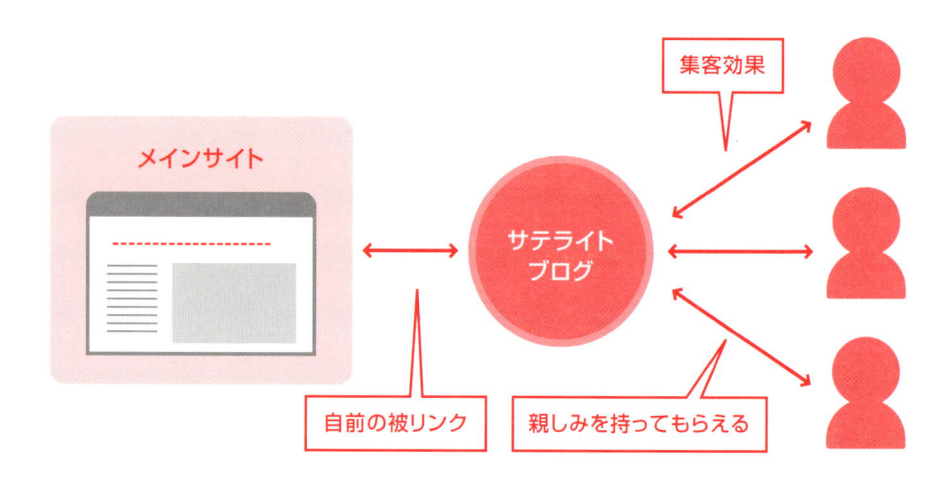

またサテライトサイトの作成は無料ということの他に「管理が楽」「IPアドレスの分散」「検索エンジンにインデックスされやすい」などのメリットもあります。今回はサテライトサイト用に「無料ブログサービス」の利用をお勧めします。無料ブログサービスですと、テンプレートがあらかじめ用意されているので、基本的なサイトデザイン、CSSを製作する必要がありません。

　現在、無料ブログサービスは多数あります。用途や操作性などを考えて選んでください。今回は説明にあたり、HTMLやCSSなどのカスタマイズの自由度の高く、広告も少ない「Seesaa（シーサー）ブログ」を例にご紹介します。

Seesaa（シーサー）ブログに登録する

それでは、Seesaa（シーサー）ブログの登録手順をご紹介します。

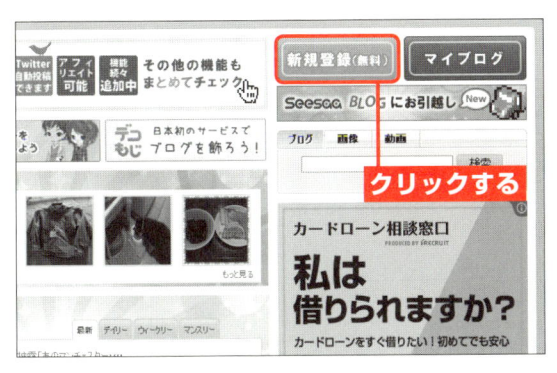

❶「Seesaaブログ」(http://blog.seesaa.jp/) のトップページを開き、「新規登録（無料）」をクリックします。

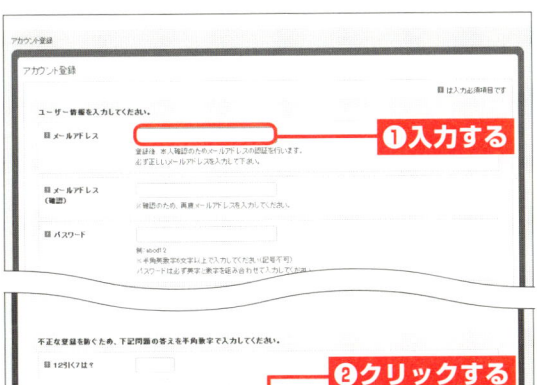

❷「アカウント登録」画面でメールアドレスなど必要事項を入力し、「アカウントを登録する」をクリックします。

❸完了画面になり、登録したメールにメールが届きます。
❹届いたメールの認証アドレスをクリックします。

<引用>

このメールは、アカウント登録時に入力いただいたメールアドレス宛に自動的にお送りしています。登録内容をご確認いただき、大切に保管してください。

千葉勝子　様

　Seesaaサービスアカウントにご登録頂きましてありがとうございます。Seesaaブログのご利用にあたりメールアドレスの確認が必要となります。本メールをお受け取りになったことの確認のため、次のリンクをクリックしてください。
https://ssl.seesaa.jp/pages/my/member/email/activate?key=MCTFohUCXIV7QL_1N56GKJOQSis

ご確認の完了後、Seesaaブログをご利用いただけます。

クリックする

❺完了画面が表示されます。これでサービスを利用できます。Seesaaブログのロゴをクリックします。

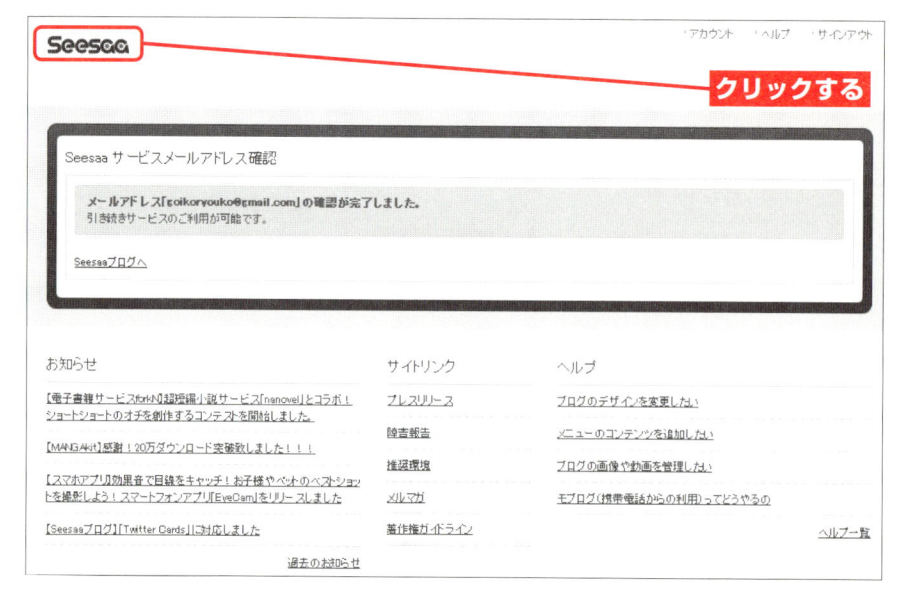

クリックする

❻トップページの「マイブログ」をクリックします。

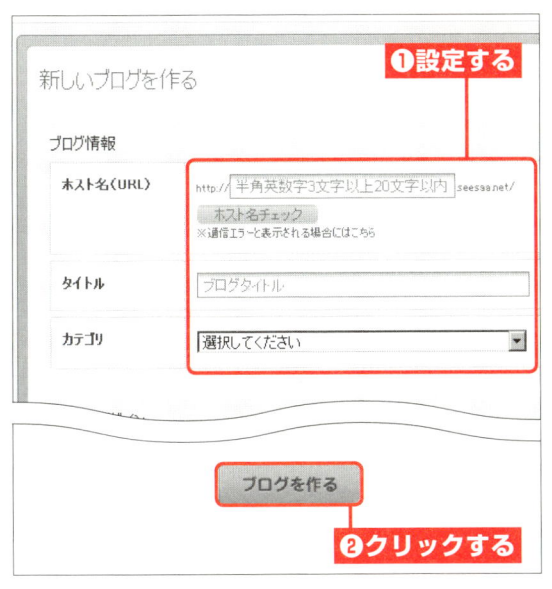

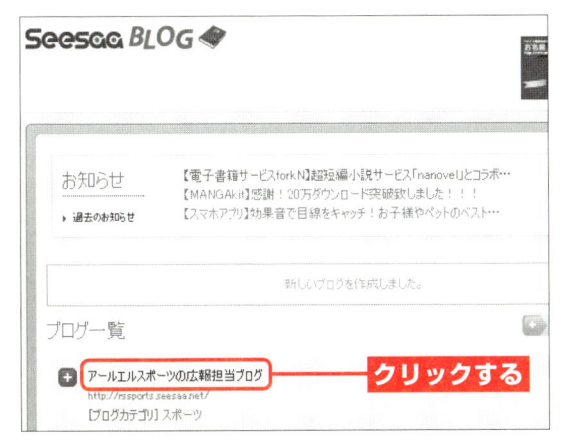

❼「新しいブログを作る」画面で、各項目を設定します。入力できたら「ブログを作る」をクリックします。

❽画面が切り替わり、ブログの登録が終了しました。

❾続いてブログの設定を行います。ブログ名をクリックします。

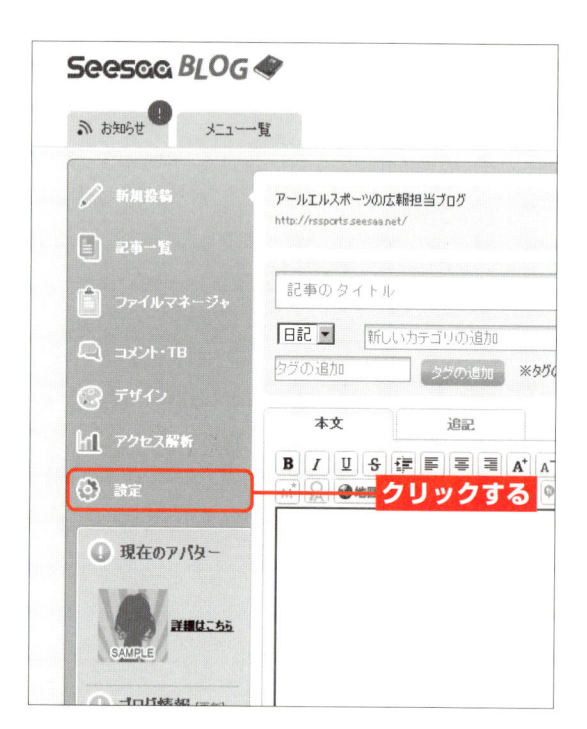

❿画面左の「設定」をクリックします。

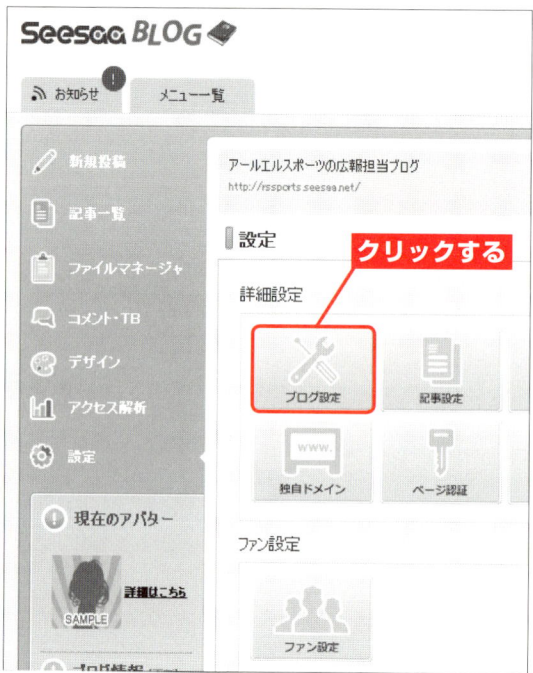

⓫「詳細設定」の「ブログ設定」をクリックします。

❷それぞれの情報を入力しましょう。設定が完了したら「保存」をクリックします。これでサテライトブログの完成です。

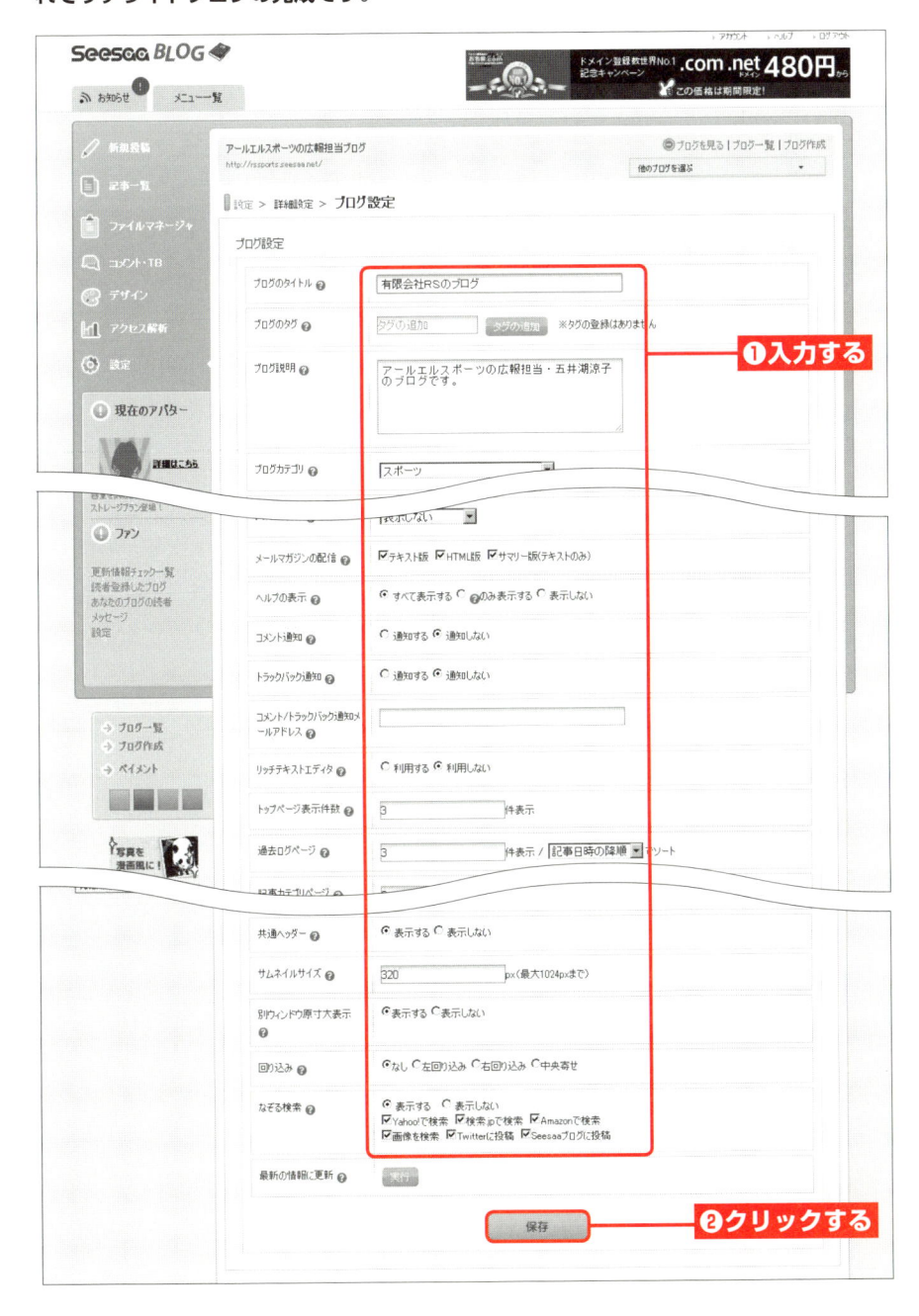

❶入力する

❷クリックする

第4章 SEO外部対策をしよう！〜サテライトサイトを作ろう

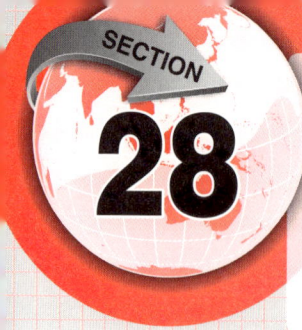

第4章 ▶ SEO外部対策をしよう！ ～サテライトサイトを作ろう

SECTION 28 サテライトブログの記事を書こう

サテライトブログの記事を書く

　サテライトブログが完成したら、記事を書いてみましょう。最初は投稿のテストも兼ねて、自己紹介を書いてみます。今回は練習を兼ねているため、簡単な自己紹介で記事を作ります。しかしゆくゆくは、ブログからメインサイトへと人が流れていくような記事の作成を心がけるようにしてください。

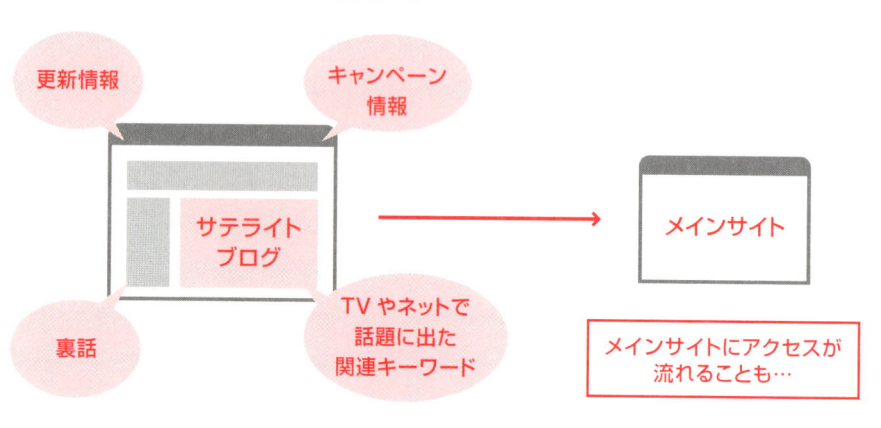

更新情報
キャンペーン情報
サテライトブログ
裏話
TVやネットで話題に出た関連キーワード
メインサイト
メインサイトにアクセスが流れることも…

❶「http://blog.seesaa.jp/」にアクセスし「マイブログ」をクリックします。

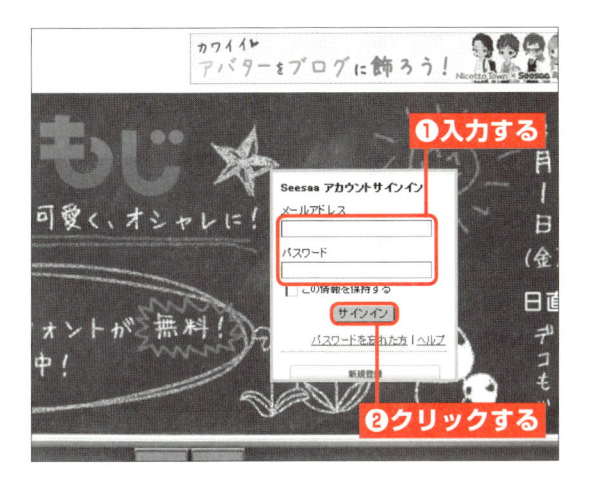

❷メールアドレスとパスワードを入力し、「サインイン」をクリックします。

❸管理画面の「ブログ一覧」で、自分のブログ名をクリックします。

❹記事作成画面になります。

❺カテゴリを設定します。最初は「日記」というカテゴリしかないので、新しく作成します。入力欄にカテゴリ名を入力します。

入力する

❻「カテゴリの追加」をクリックすると、入力したカテゴリが追加されます。次回からは、カテゴリの ▼ をクリックすることで、カテゴリの選択ができます。

カテゴリの選択ができる

クリックする

❼ブログ記事のタイトルと、記事の本文を入力します。完成したら「保存」をクリックします。これで記事の作成が完了しました。

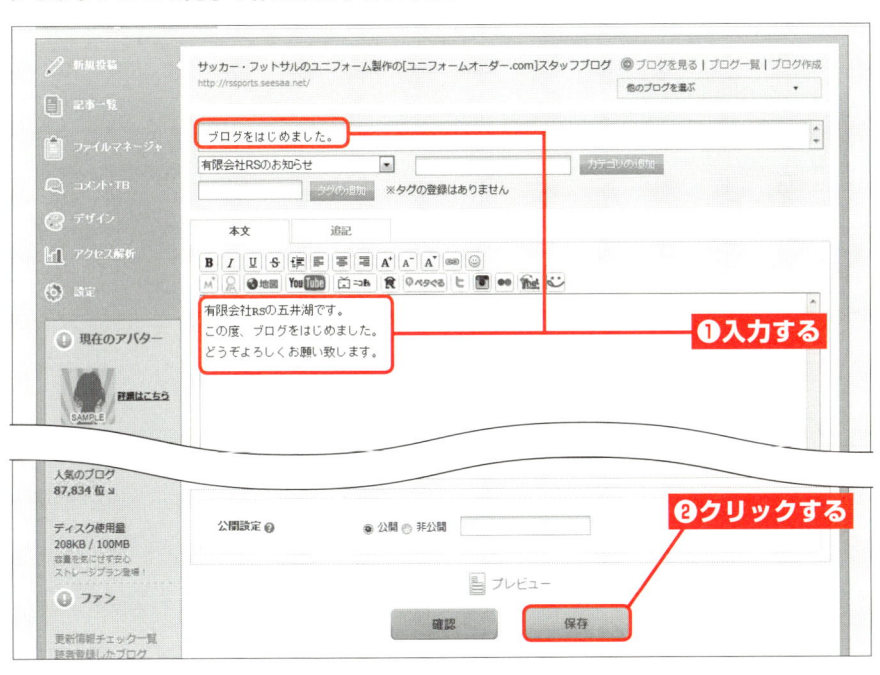

❶入力する

❷クリックする

❽実際に URL を開いて、記事を見てみましょう。

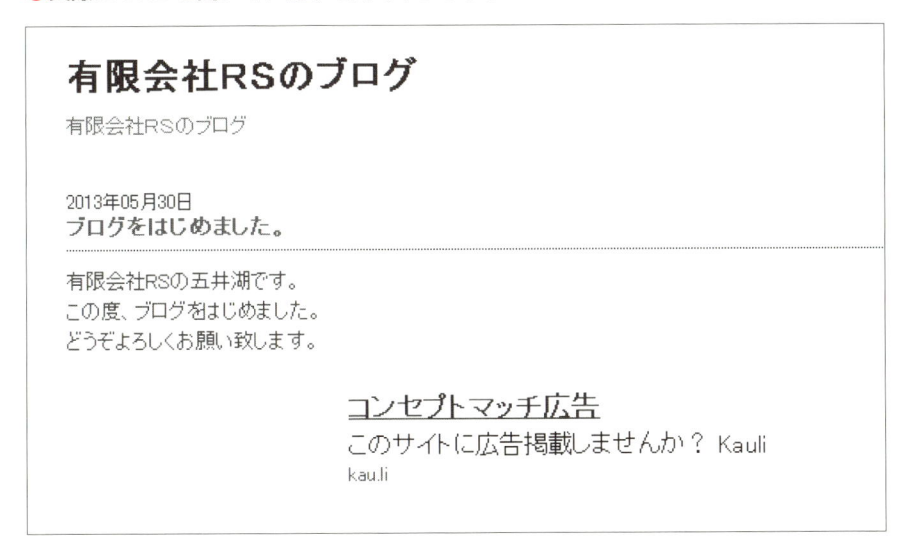

SECTION 29

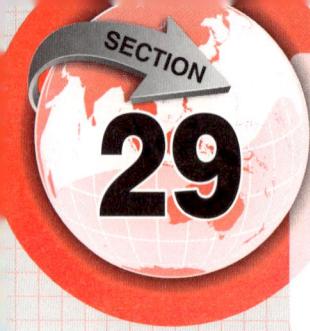

第4章 ▶ SEO 外部対策をしよう！ 〜サテライトサイトを作ろう

ブログからメインサイトにリンクを張ろう

🔍 ブログからメインサイトにリンクを張る

　これで、サテライトブログが完成しました。次は本来の目的の1つである「外部対策」として、このブログからメインサイトにリンクを張ってみましょう。これによりサテライトブログからメインサイトへの導線ができ、外部リンクとしての効果も出ます。

　ブログからメインサイトへのリンクの方法として、ここでは「ブログのトップページからのリンク」「フッタリンクからのリンク」「記事の文中からのリンク」の3種類を紹介します。

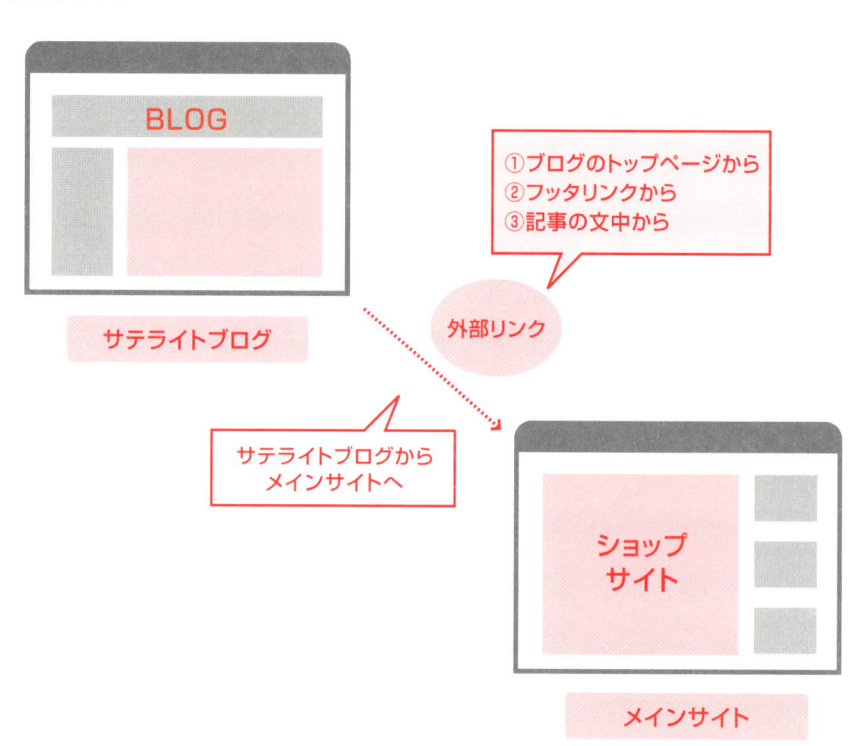

BLOG

サテライトブログ

①ブログのトップページから
②フッタリンクから
③記事の文中から

外部リンク

サテライトブログから
メインサイトへ

ショップ
サイト

メインサイト

🔍 トップページからメインサイトへのリンクを張る

まず始めに、サテライトブログのトップページから、メインサイトへのリンクを張りましょう。

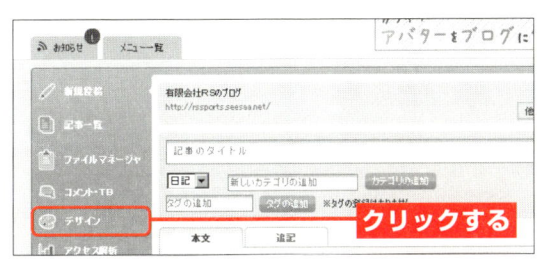

❶サインインした Seesaa のトップページで、自分のブログ名をクリックします。記事作成画面で「デザイン」をクリックします。

❷「コンテンツ」→「＋コンテンツ」をクリックします。

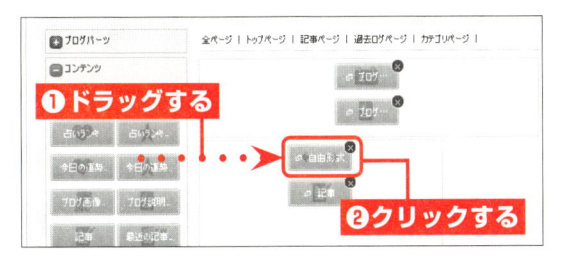

❸表示されたコンテンツの中から、「自由形式」のボックスをドラッグし、右側の任意の場所に移動させます。「自由形式」の文字をクリックします。

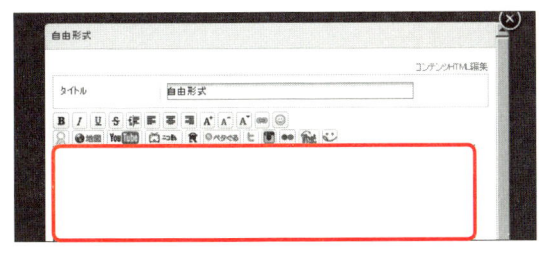

❹「自由形式」に、あなたのメインサイトへのリンクタグを挿入します。

> **例**
> \<a href="http://rssports.web.fc2.com/ " target="_blank"\> 有限会社アールエスのサイトはこちら！\</a\>

第4章 SEO外部対策をしよう！〜サテライトサイトを作ろう

❺「保存」をクリックします。

❻設定が完了したら、「×」をクリックします。

❼「保存」をクリックします。これで設定は完了です。

❽実際に URL を開いて、記事を見てみましょう。メインサイトへのリンクをクリックして、リンクが張られたことを確認します。

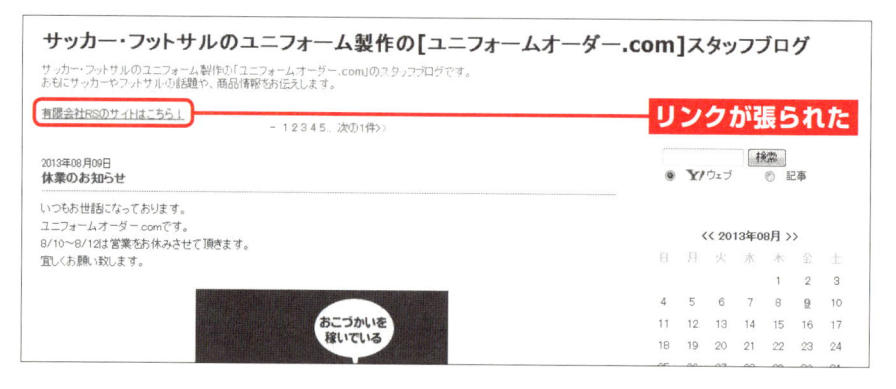

これでブログからメインサイトへリンクが張られました。つまり、「外部リンク（被リンク）」が 1 つ増えたことになります。

🔍 フッタリンクからメインサイトへのリンクを張る

　ブログの場合、それぞれの記事 1 つ 1 つがランディングページとして検索されやすい傾向を持っています。そのためトップページを見ずに、ユーザーが個別の記事のみを閲覧することも多いです。またユーザー心理として、記事を読み終えたら続けて他のペー

ジもつい見てみたくなるということはよくあります。そんなときのために、記事ごとにフッタリンクを設置しておきましょう。これは単に「サテライトサイト」の被リンクとしてメインサイトのSEO効果を高めるだけではなく、「宣伝」の意味と「メインサイトへの誘導」という意味があります。フッタにリンクを張って、ユーザーを誘導しましょう。

❶ 記事作成画面でブログ記事を書きます。

❷ 記事の下にあなたのメインサイトへのリンクや、ブログのトップページへのリンクを張り、保存します。

例

```
<hr><strong><font size="4"> ● <a href="http://rssports.web.fc2.com/" target="_blank">サッカー・フットサルのユニフォーム製作の＜ユニフォームオーダー.com＞</a></font><br /></strong><br />
<strong><font size="4"> ● <a href="http://rssports.seesaa.net/" target="_blank">有限会社RS</a></font><br /></strong>
```

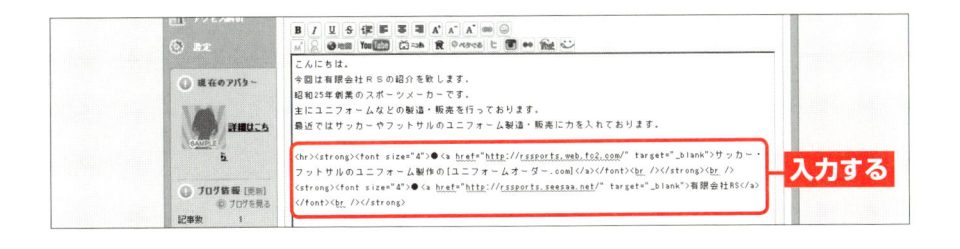

❸ ブログ記事のページ下部に、メインサイトへのフッタリンクが作成できました。

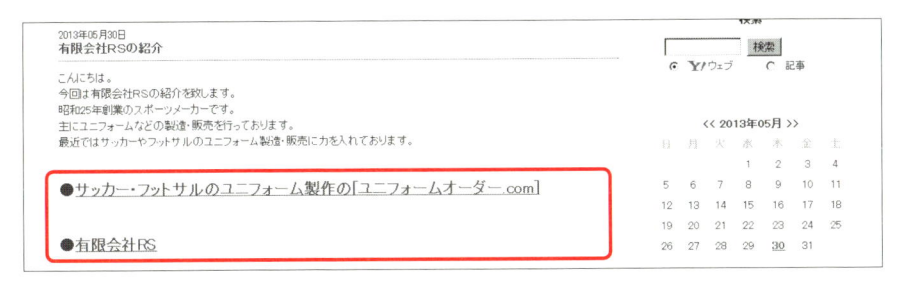

第4章 SEO外部対策をしよう！〜サテライトサイトを作ろう

ブログ記事の文中からメインサイトへのリンクを張る

サイドメニューやフッタにあるリンクよりも、**記事の中にあるリンクのほうが、SEO効果が高い**とされています。またユーザー心理としても、サイドメニューやフッタにあるリンクは「宣伝」という印象が強く、あまりクリックされにくいですが、記事の中にあるとついクリックしてしまう傾向があります。ブログ記事中にリンクを張りましょう。

❶ 記事作成画面でブログ記事を書きます。

❷ 記事に自社のサイトや商品に関連する話題が出たら、見せたいページにリンクを張ります。

例

もうすぐ、サッカー日本代表の試合がありますね。
スタジアムで応援したいのですが、残念ながらTVでの観戦です！
うちの会社 <strong><font size="4"><a href="http://rssports.web.fc2.com/" target="_blank"> サッカー・フットサルのユニフォーム製作の＜ユニフォームオーダー.com＞ </a></font>
</strong> で製作した日本代表ユニフォームを着て応援しますよ！
みなさんも一緒に応援してくださいね！

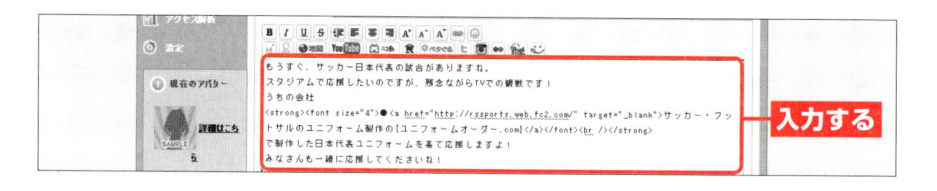

入力する

❸ 記事中にリンクができました。

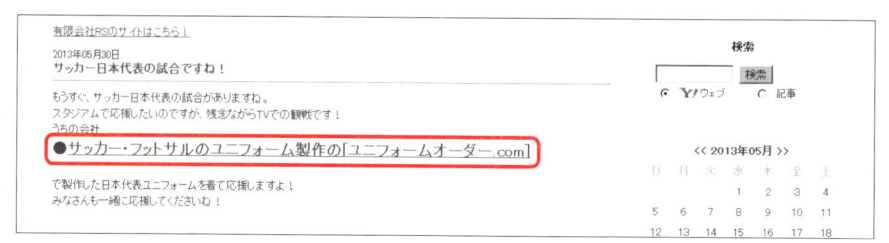

ブログ記事にお勧め記事へのリンクを張る

　メインサイトへのリンクとは異なりますが、ブログ運営のテクニックの1つとして、「お勧め・人気記事の紹介」があります。せっかくいろいろと便利だったり面白いコンテンツ（記事）があるのなら、ユーザーに見てもらわないともったいないです。ブログは更新していくとどんどん奥に格納されてしまいますので、もしかしたら「ユーザーが興味ある記事」なのに、場所がわからないために見てもらえなかった……。なんて記事があるかもしれません。記事を書いたときに、その記事に関連のある過去の記事や、多くの人に読んでもらいたいお勧めの記事へのリンクを張り、ユーザーを誘導しましょう。

❶ **記事作成画面でブログ記事を書きます。**

❷ **記事の下にお勧め記事へのリンクを張り、保存します。**

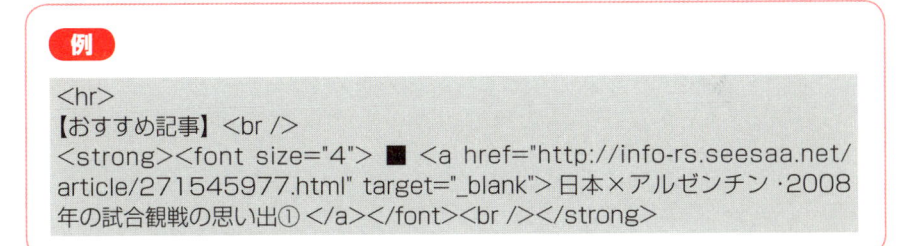

例

```
<hr>
【おすすめ記事】<br />
<strong><font size="4">■ <a href="http://info-rs.seesaa.net/article/271545977.html" target="_blank">日本×アルゼンチン・2008年の試合観戦の思い出①</a></font><br /></strong>
```

入力する

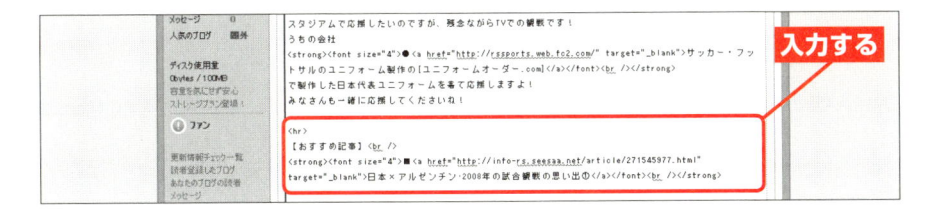

❸ **ブログ記事の下部に、お勧め記事へのリンクができました。**

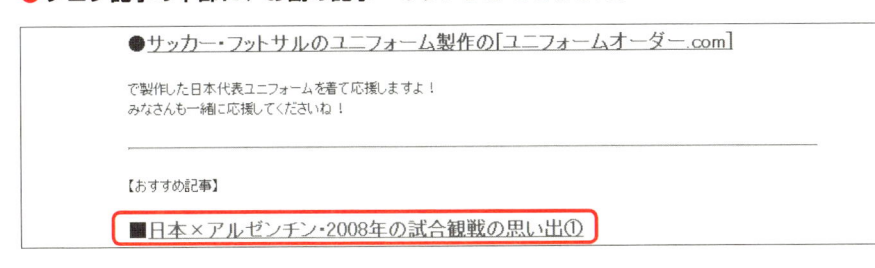

●サッカー・フットサルのユニフォーム製作の[ユニフォームオーダー.com]
で製作した日本代表ユニフォームを着て応援しますよ！
みなさんも一緒に応援してくださいね！

【おすすめ記事】
■日本×アルゼンチン・2008年の試合観戦の思い出①

第4章 SEO外部対策をしよう！〜サテライトサイトを作ろう

SECTION 30

第4章 ▶ SEO 外部対策をしよう！ 〜サテライトサイトを作ろう

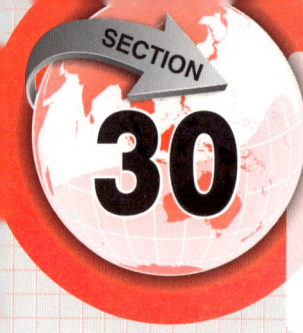

ブログ記事のネタを考えよう

🔍 ブログで何を書けばよい？

　ブログは、ページごとに検索エンジンに表示されやすい、頻繁に更新することでユーザーやお客様にまめにチェックされやすい、といった利点があります。そのため、**ブログにはお客様に楽しんでもらえるコンテンツ**や、**お客様に有益な情報を書くとよい**でしょう。ブログの記事の活用法としては例えば、「**メインサイトの更新情報**」「**キャンペーン情報**」「**割引情報**」などが一般的です。

　また、ページ単位で検索されることを考えて、より細かいキーワードや、流行のキーワードを即座に記事に入れてみるとよいでしょう。自分のサイトと関係のあるものの中で、テレビやネットで話題に出たキーワードを入れたりすると、そのページがたまたま上位表示されたり、他のサイトで紹介されたりして、そこからメインサイトにアクセスが流れることが期待できます。

　注意点としては、企業のサイトなので（個人でもそうなのですが）、記事や画像の無断転載をしない、批判的な記事を書かないなど、法律やマナー、企業イメージなどに注意して記事を書きましょう。

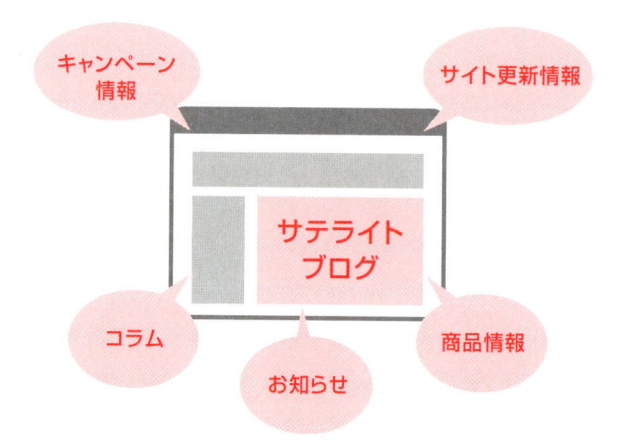

- キャンペーン情報
- サイト更新情報
- サテライトブログ
- コラム
- お知らせ
- 商品情報

ブログ記事の例

●キャンペーン情報・割引情報

お得な割引情報や、プレゼントなどのキャンペーン情報などは、ユーザーに有益で価値のある情報で、集客できるイベントです。積極的に提供しましょう。

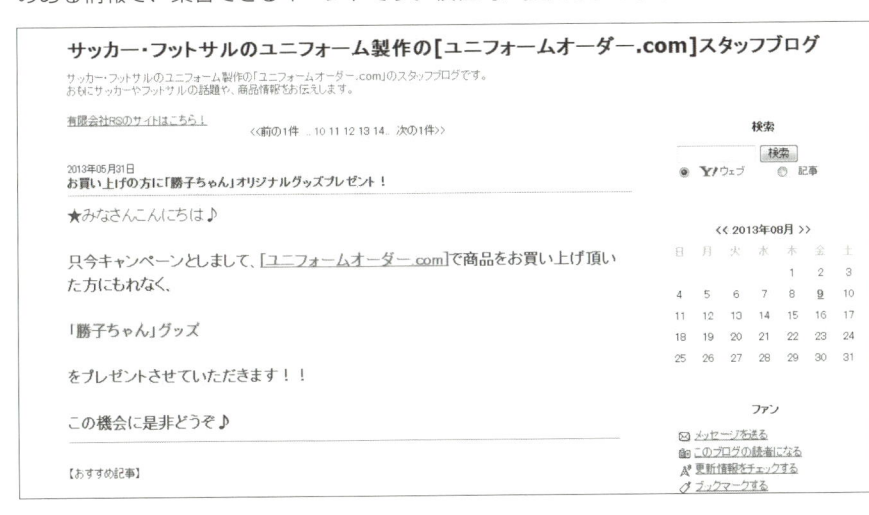

●メインサイトの更新情報

スタッフブログの役割として、メインサイトの更新情報もきちんと伝えましょう。

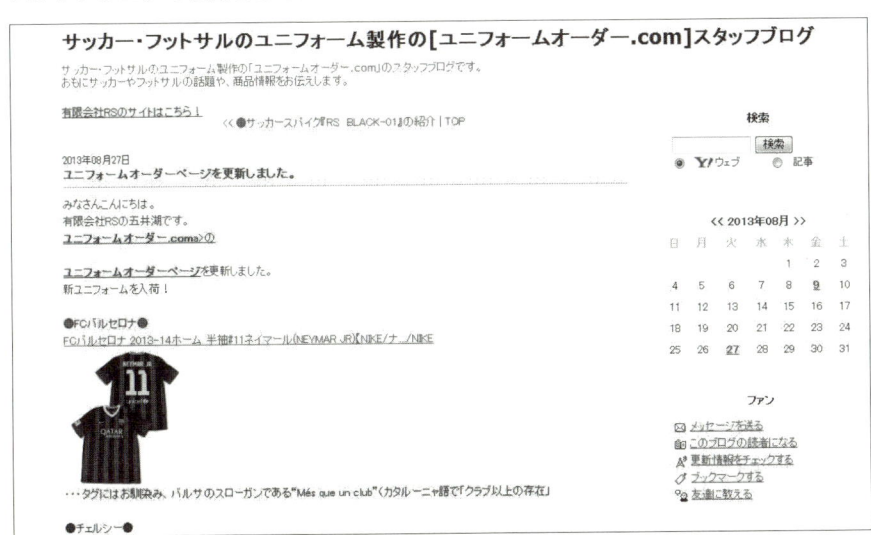

●商品紹介・情報

メインのサイトでは伝えきれなかった商品の魅力をブログで伝えましょう。ブログは、商品を販売する新たな窓口にもなります。

●コラム

ユーザーが訪問する動機や、アクセス、被リンクを集めるためのコンテンツとして、オリジナルの貴重な情報があれば提供しましょう。面白いコラムや裏話があればよいコンテンツになります。

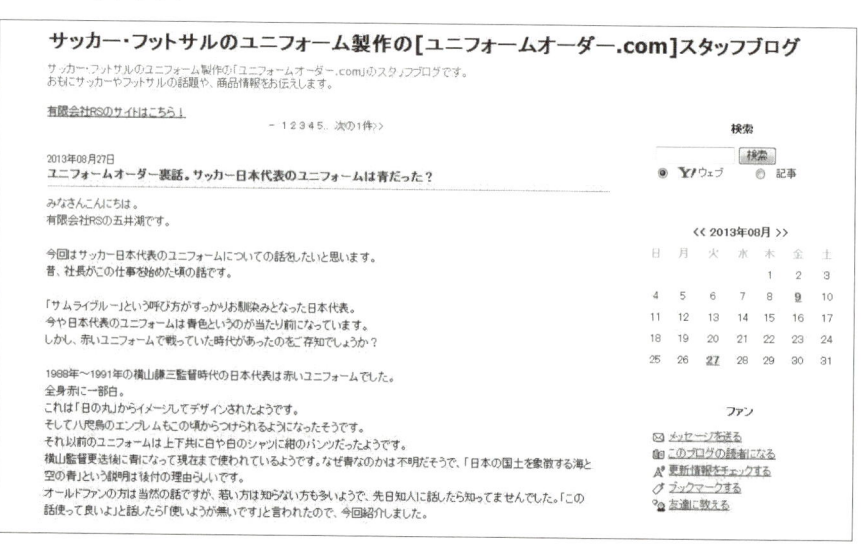

●お知らせ

スタッフブログの機能として、ちょっとしたサイトや会社のお知らせも書いて、ユーザーに親切なサイト、会社にしましょう。

> よし！それじゃあ先週完成した新商品のレポートを書こうかな！

> それいいわね！　制作している様子の写真とかある？

> 資料として撮影したものがありますよ。

> 許可がもらえれば、ぜひ掲載するべきよ。どんな商品なのかをユーザーに伝えるいいコンテンツになるわ。

> たしかに、いっぱい写真があったほうが楽しいですね。

> それに、きちんと心を込めて制作しているとか、安全な商品を作っているということが伝わって、親しみも持ってもらえるわよ。

SECTION 31

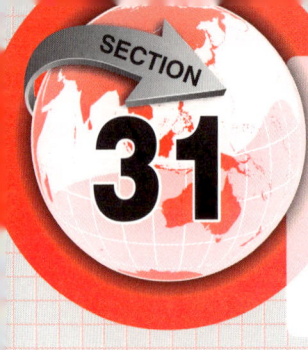

第4章 ▶ SEO 外部対策をしよう！ 〜サテライトサイトを作ろう

サテライトブログの SEO 対策をしよう

🔍 サテライトブログの SEO 対策をする

　ここまでメインサイトの SEO 対策をしてきた経験をふまえて、サテライトブログについても同様に SEO 対策をしましょう。これにより**サテライトブログに対する検索エンジンの評価が上がれば、そこからリンクされているメインサイトの評価も上がる**ことになります。

❶ ブログに対して SEO 対策をする

　Seesaa ブログで細かい設定をして、SEO 対策の効果を高めます。管理画面での操作になります。

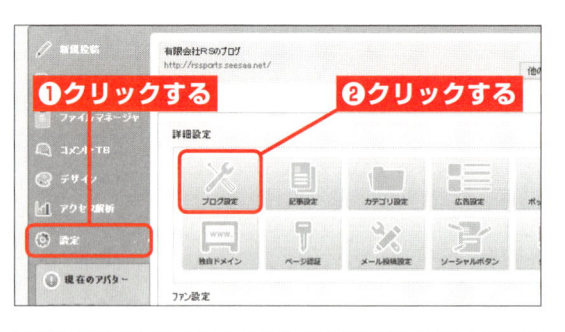

❶管理画面で「設定」をクリックし、「ブログ設定」をクリックします。

❷次ページの内容を参考に各設定を行い、「保存」をクリックすると、設定が完了します。

●「ブログ設定」画面の構成

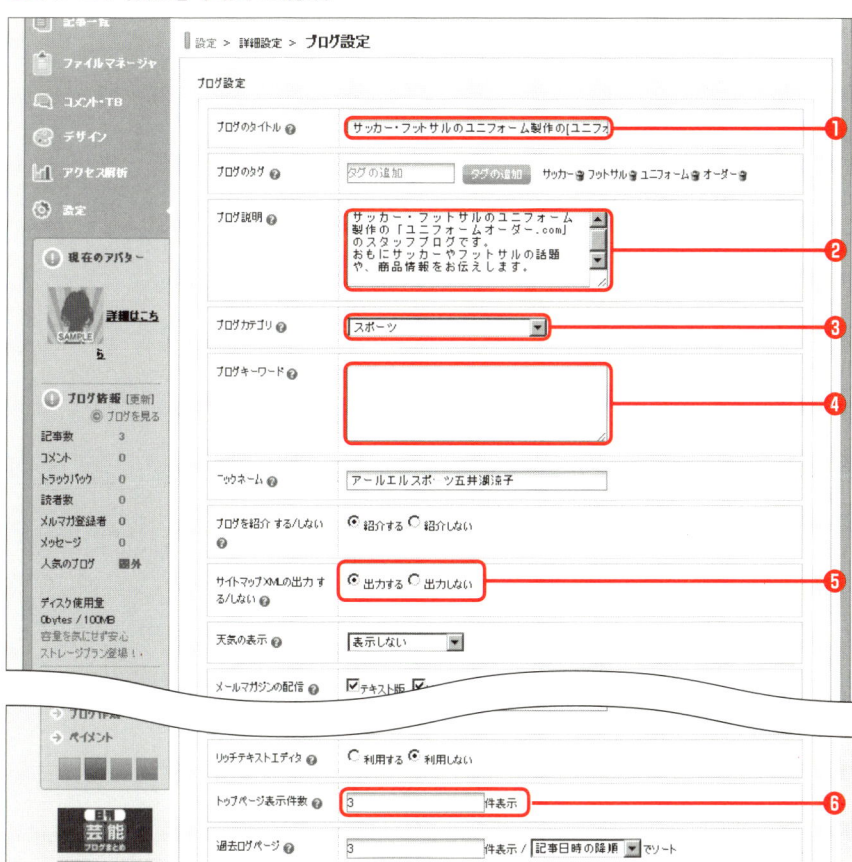

❶ブログのタイトル

キーワードを含めたタイトルにします。サイトと同様、最も重要で効果のあるところです。

❷ブログ説明

ディスクリプションに相当します。ユーザーが読んでくれるような文章を、キーワードを入れつつ作りましょう。例えば、「サッカー・フットサルのユニフォーム製作の「ユニフォームオーダー .com」のスタッフブログです。主にサッカーやフットサルの話題や、商品情報をお伝えします。」のようにします。

❸ブログカテゴリ

ブログの内容に適したカテゴリに設定しましょう。

❹ブログキーワード

サイトのメタキーワードになります。「ユニフォーム , 新製品」のように、半角カンマ「,」区切りでキーワードを入力します。

❺サイトマップXMLの出力

Google サイトマップに登録するために XML の出力をすることができます（Sec.13 参照）。「する / しない」は初期設定で「する」になっています。「する」にしておきましょう。

❻トップページ表示件数

ここを「1」にすることによって、PV を増やすことができます。また、ページを軽くすることにもなります。

❷ 記事に対して SEO 対策をする

管理画面だけではなく、「記事設定」でも、SEO 対策の効果を高めることができます。

❶ 管理画面で「設定」をクリックし、「記事設定」をクリックします。

❷ 次ページの内容を参考に各設定を行い、「保存」をクリックすると、設定が完了します。

●「記事設定」画面の構成

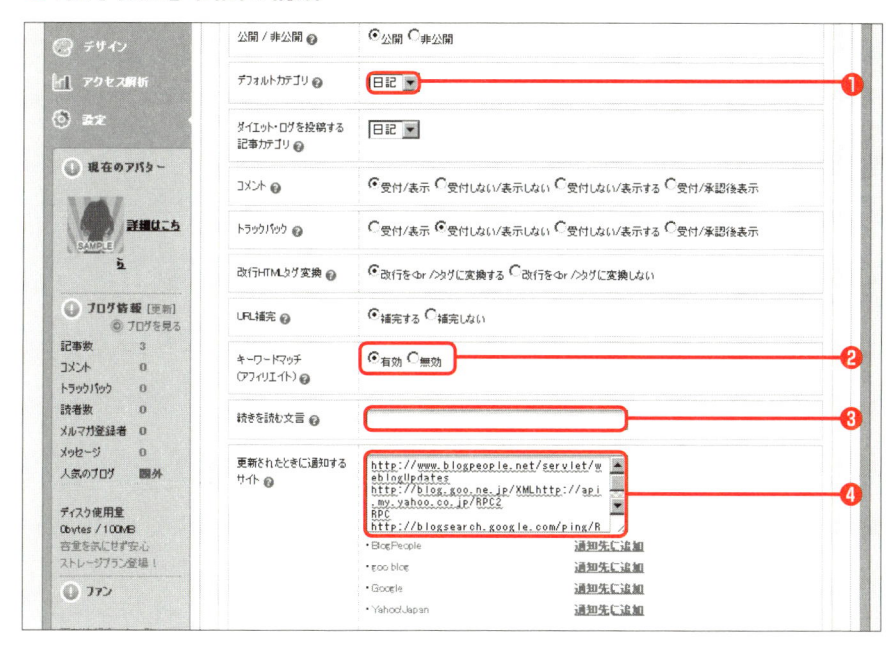

❶デフォルトカテゴリ

よく更新するカテゴリを設定しましょう。

❷キーワードマッチ（アフィリエイト）

「有効」に設定しておくと、成果につながるクリックがあった場合、広告主から規定の報酬を得ることができます。

❸続きを読む文言

ここにキーワードを挿入することも可能です。例えば、「[ユニフォームオーダー.com] スタッフブログの続きを読む」などと設定することができます。

❹更新されたときに通知するサイト

「Ping」といい、サイト更新情報の送信先になります。初期設定でいくつか入っており、「通知先に追加」をクリックすると追加されます。手動で入力しての追加も可能です。

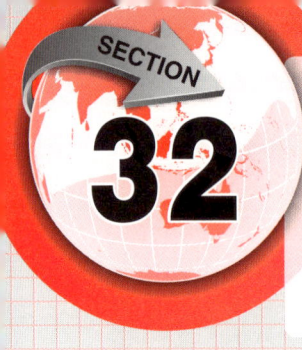

第4章 ▶ SEO外部対策をしよう！〜サテライトサイトを作ろう

SECTION 32
ブログ作成の注意点を知ろう

法的に問題ないか改めて確認する

　会社としてのサイトである以上、ブログであっても情報やセキュリティに対する考え方は重要です。会社という看板を背負っているということを意識して、慎重に扱ってください。

●個人情報について

個人情報については慎重に取り扱ってください。**お客様の情報は当然ですが、身内の方などの情報も慎重に扱ってください。**スタッフブログなどでは、会社の日常の話などで同僚や上司のエピソードを話したり、写真を紹介することもあると思います。このようなものも個人情報ですので、相手にきちんと許可を取りましょう。また、作成時は許可を得ていたとしても、退職された場合は身内ではなくなります。その場合は改めて掲載の確認をしたり、該当部分の修正をするなど、対応しましょう。

●著作権・肖像権について

ネタについてのアドバイスで「時事・ニュース」という提案をしました。もちろん書くのは自由ですが、ネットで見つけた画像や文章をそのまま貼り付けるようなことはしないようにしてください。また、テレビ番組などで見たこともあるかと思いますが、何気なく撮影したスナップ写真にキャラクター商品が写っていたりした場合は、ぼかすなどの加工が必要です。

重複コンテンツについて

　重複コンテンツというのは、他のページと同じコンテンツをそのまま使用することです。**Googleは、このような重複コンテンツに対して「検索結果の上位表示をしない」という対応をしています**。Googleの「パンダ・アップデート」の「質の低いサイトの排除」の1つではないかと思われます。これは、他人のサイトを複製した盗作サイトへの対応というだけでなく、ページランクを上げるために、コピーしたページを大量作成することへの対応ともとれます。これにより、オリジナルのコンテンツを守ったり、同じコンテンツが上位を独占してしまうことを防ぐのが狙いです。

　注意しなければならないのは、悪意のない場合でも重複コンテンツ扱いされてしまう可能性があるということです。例えば、用語集や商品紹介のようなページで、HTMLソースがどうしても似てしまうページが、「重複コンテンツ」とみなされてしまう可能性があります。このような場合はテキストを増やして、他のページとの差別化をするとよいでしょう。

　また、各地域に多数の支店がある会社などで、地域名だけを入れ替えてほぼ同じ内容のサイトを運営している場合があります。

各支店のタイトルタグの例

①＜title＞ユニフォームのオーダーならアールエススポーツ浦和店＜/title＞
②＜title＞ユニフォームのオーダーならアールエススポーツ秋葉原店＜/title＞
③＜title＞ユニフォームのオーダーならアールエススポーツ大宮店＜/title＞

　このような場合は、「○○店」以外のテキストについてもそれぞれ差別化を図る必要があるでしょう。

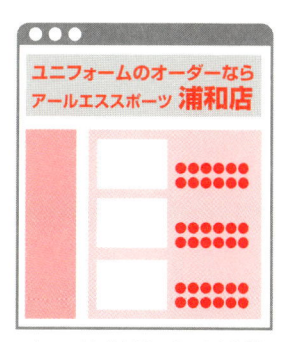

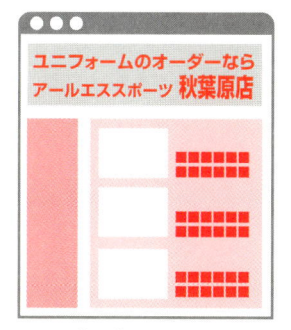

▲各ページが違うということを認識させるように、差別化となるようなテキストを入れましょう

🔍 引用はなるべく避ける

　面白い文章やニュースの記事などをコピーして、自分のブログに貼り付けることはなるべく避けましょう。作者の権利を侵害するだけでなく、「コンテンツの重複」ということでペナルティを与えられる恐れもあります。**他のサイトの内容を紹介するときは、そのサイトのタイトルやページのタイトルを書き、リンクを張りましょう。**

　また、どうしても一部のテキスト（セリフなど）を紹介したいときは、引用タグ<blockquote>を使用しましょう。

例

```
<blockquote>Webに関する知識のない方が読んでも、「なにをやればいいのかわからない」ことがほとんどです。そこで、「理屈はいいからとにかく検索結果を上げたいんだ！」という皆さんのために、「具体的な実践内容」のみを解説したのが本書です。</blockquote>
<a href="http://gihyo.jp/book/2010/978-4-7741-4465-8">技術評論社HPより引用</a>
```

2013年08月30日
Web担当者のつぶやき＜4＞

前回触れましたSEOにつきまして、今回はもう少し深くご説明します。

はじめは右も左も分からなかったわけですが、本を読みながらなんとか理解できるようになりました。
特に参考になった本「SEO対策検索上位にヒットするコレだけ技」は下記のような内容となっております。

> Webに関する知識のない方が読んでも、「なにをやればいいのかわからない」ことがほとんどです。そこで、「理屈はいいからとにかく検索結果を上げたいんだ！」という皆さんのために、「具体的な実践内容」のみを解説したのが本書です。
>
> 技術評論社HPより引用

気の本は基礎の基礎から説明がされており、大変役に立ちました。
私のような知識ゼロのWeb担当者でもすぐに対策が始めることができる内容となっています。

▲ ブログ記事に引用するときの例です。

🔍 トラックバックはあまり意味がない

　トラックバックとは、ブログ記事からブログ記事へリンクを張りつつ、「この記事を参考にブログを書きました」という通知をする機能です。以前はブログのアクセスアップ、被リンク獲得の手段として効果がありました。

　しかし最近では、各ブログサービスのトラックバックに入っている**「nofollow」属性を Google は評価しない**と言っています。そのため、トラックバックは SEO の効果はないということになります。そして、トラックバックにはいまやたくさんのスパムが蔓延しており、トラックバックという行為自体にスパム的なイメージができあがりつつあります。

　しかし、本来の正当な使用方法であれば多少の集客は見込めると思いますので、慎重に使用しましょう。

🔍 コメントについても効果は見込めない

　ブログのコメント欄への入力も、以前は外部リンクや集客としての効果があり、必死にコメントまわりをしていた時代もありました。しかし現在ではトラックバックと同様に、「nofollow」という属性が入るようになり、SEO の効果はなくなりました。ただし「コミュニケーション」という意味で、ブログに訪問してきたユーザーなどと交流したり、同じ趣味を持つユーザーのファンを獲得するための方法としてコメントの活用は重要です。「外部リンク獲得」ではなく、**コミュニケーションツールとしての活用**を意識してください。

🔍 ブログの放置に注意

　2013 年 3 月のニュースで、「更新していないブログと相互リンクしていた」ために順位が下がったというものがありました。サテライトブログを自作して相互リンクをしていたのですが、放置してしまっていた、というのです。確かにサテライトサイト用に自作でたくさんのブログで作ると、一度記事作成までしてリンクを張れば、あとは放置してしまうものです。量産しているので、とてもそれぞれこまめに更新している暇などありません。そうすると、そのブログは内容の乏しい、「質の低い」サイトとなります。

　そのため、**ブログの量産はしないほうが懸命**でしょう。そして、作成したブログは、ある程度の頻度でまめに更新していきましょう。

SECTION 33

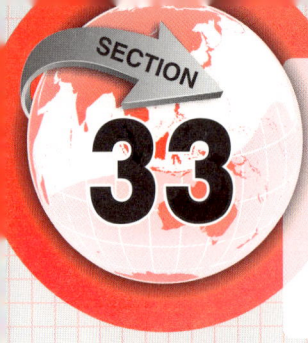

第4章 ▶ SEO外部対策をしよう！ 〜サテライトサイトを作ろう

ブログの運営方針を決めよう

🔍 ブログを書くのも「仕事」

　これは社長や上司への助言ですが、「暇なときに書いてください」といったお願い的な指示を出しても、スタッフはあまり記事を書かなかったり、短かったり、差し触りのない記事だったりして魅力のあるコンテンツができません。これは人間の心理として「面倒なことはしたくない」とか「無駄に働くのは損だ」ということがあります。とはいえ商品の詳しい話や、業務での体験談はWeb担当者以外の人の方が詳しかったり、面白かったりします。そこで提案なのですが、**「ブログ」を書くことを正式に仕事として周知しましょう**。そうすることでスタッフのモチベーションが上がり、よい記事＝よいコンテンツが生まれるのです。具体的な運用の方法としては、次ページのようなものが考えられます。

仕事でない場合

暇なときに
ブログを書いて
→
面倒だ。
無駄なことは
したくない…。

仕事の一環とした場合

仕事として
ブログを書いて
→
業務での体験談など
面白い記事が
書けそう！

● 記事を書く人、曜日などを決める

何人か記事を書く人を決めて、交代で書くようにしましょう。

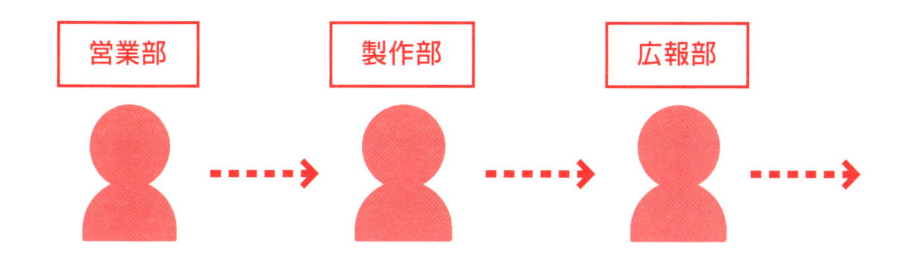

[営業部] → [製作部] → [広報部] →

● チェックしよう

記事を書いたらすぐにアップせず、情報に誤りがないか、会社として公開してよい文章なのかどうか、上司などがチェックしましょう。

情報の誤り、未公開情報などがないか確認

CHECK!

● 毎日更新しよう

記事は頻繁に更新したほうがいいです。営業日は毎日更新するようにしましょう。ユーザーから見れば、全然更新していないとガッカリしたり、会社が活発に動いていないように感じてしまいます。会社として発表することがないときは製作や開発のエピソードを書くなど、商品に関連する雑談を書くとよいでしょう。

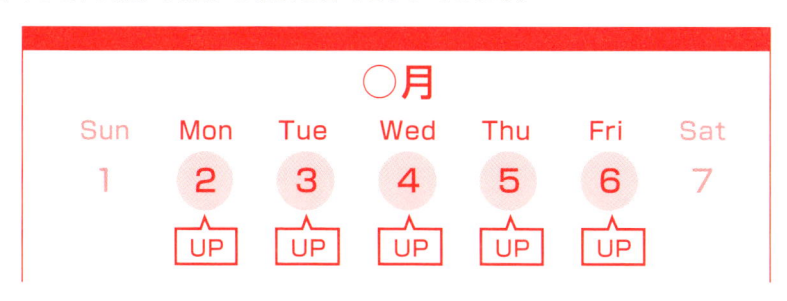

○月

Sun	Mon	Tue	Wed	Thu	Fri	Sat
1	2	3	4	5	6	7
	UP	UP	UP	UP	UP	

第4章 SEO外部対策をしよう！〜サテライトサイトを作ろう

第4章 まとめ

この章でやったことをチェックしよう！！

- ☐ 外部対策、被リンクの効果について理解しましたか？
- ☐ サイト（会社）として外部対策をどのように行うか話し合いましたか？
- ☐ リンク集ページは作りましたか？
- ☐ 被リンク購入によるペナルティについては理解しましたか？
- ☐ SEO業者を利用するかどうか話し合いましたか？
- ☐ パンダアップデート、ペンギンアップデートについて理解しましたか？
- ☐ サテライトサイトを作成する効果について理解しましたか？
- ☐ スタッフブログを作成できましたか？
- ☐ スタッフブログからメインサイトへリンクを張れましたか？
- ☐ スタッフブログにどのような内容を書いていくか決めましたか？
- ☐ スタッフブログのSEO対策はしましたか？
- ☐ スタッフブログ作成においての注意点を理解しましたか？

第5章

コンテンツSEOをしよう!
～ナチュラルリンクを得よう

近年叫ばれている「コンテンツSEO」は、良質なコンテンツを作ることによってお客様を集め、また会社や商品を好きになってもらうというものです。コンテンツをよくすればするほど会社にもユーザーにもよい結果となり、ある意味唯一の「絶対的なSEO対策」と言えるかもしれません。これからの時代は、「コンテンツSEO」が主流となっていくはずです。

Section 34	ナチュラルリンクについて知ろう
Section 35	便利なコンテンツを作ろう
Section 36	希少価値の高いコンテンツを作ろう
Section 37	プロフィールページを充実させよう
Section 38	サイトデザインを工夫しよう
Section 39	コンテンツSEOアイデア集
Section 40	集客用のブログと各サービスを連携させよう

そうですね！
『ユニフォーム＋オーダー』
の２ワードでの順位が
31位になりました！

効果は出てきたわね…。

勝子、谷口さん、
いいかしら？

そ、それを
言われると…。

実はこのキーワードでは
そこそこ上位に入っている
ようなのですが、
いかんせん、売り上げが
伸びていませんの。

このまま売り上げが上がらないのでは、社長が契約を切ると…。

そりゃないですよ!

悔しいけど……これはビジネスなのよね。

確かにおっしゃるとおりです。

例えSEO対策で1位になっても、商品が売れなければ意味はありません。

そのためにこれから新たな対策を始めます!これから行う対策は会社の皆さんのご協力が必要です。

私の指示に従っていただけるよう社長に話をしていただけますか?

わかりました。

社員全員、1つにまとまってこの危機を脱しましょう!社長には私から言っておくわ。

よろしくお願いします！
ではさっそく
始めましょう。
はい！

まずはサイトの分析
をしてみましょう。
離脱率が高いわね…。
トップページや注文画面の
途中で離脱して
しまっている。
どうしてでしょう？
まずコンテンツとして
面白い内容がないために、
トップページだけで離脱
してしまう人が多いと思うの。
だから面白いコンテンツを
作りましょう！
はい、わかりました！
それから、注文画面の
ボタンが見づらいせいで、
注文の途中で離脱して
しまっている。
この点を改善しましょう！
了解です。
これまでSEO対策を
行ってきたわけだけど……
これらは有効では
あるけど効果が薄く
なりつつあるのよね。

「ええっ？効果薄いんですか？」

「そうよ。HTMLを修正してタグでテキストを強調したり、キーワードを入れ込んだり、」

「といった対策に対しては、日々効果が薄くなる傾向にあるの。」

「これから先、SEO対策は新たな時代に突入するのよ。」

「新たな？」

「それが『コンテンツSEO』よ。」

『コンテンツSEO』

「簡単に言えば『お客様やユーザーにとって便利で有益なコンテンツを作ること』それがSEO対策になるということね。」

「でも…コンテンツって、何を作ればいいんですか？」

「そうね…まずは、『Q&Aページ』や『用語集』なんてどうかしら？」

Q&A
用語集

「優良なコンテンツ…ですか。」

これは、『よいコンテンツ』というよりも、ある意味なくてはならない機能とも言えるわね。

Q&A

Q&Aだったら、商品自体の情報についてだとか購入についてだとか商品発送についてだとか……。

それから、サッカーのユニフォーム関連のサイトであれば、『サッカーの豆知識』のページなんてどうかしら？

ユニフォームのオーダーを考えているユーザーだけではなく、サッカーファンが日常的に

見られるようなコンテンツを作ることができれば、アクセスも知名度も飛躍的に上がるはずよ！

それが、いいコンテンツってことですね。

それからサイトに写真・画像を多く使ったり、問い合わせボタンの位置や形を直したりといった

ユーザビリティをよくする改善策も「コンテンツSEO」に含まれるわね！

へぇ〜…そうなんですかぁ！

それから、プロフィールページを充実させるのもよいと思うわ！

どんな人が商品を作って、売っているのかがわかるとユーザーも商品や会社に安心感を持つのよ。

プロフィール

こうした『コンテンツSEO』を行うことで、長期的な『被リンク』による効果を高めることができるのよ。

確かにそうですね！

だけど被リンクならなんでもいいというわけではないわ。リンクの仕方次第では、ペナルティになってしまう可能性すらあるの。

うぇえ〜…

そこで、『ナチュラルリンク』を集めることが必要となってくるの。

『ナチュラルリンク』

ナチュラルリンクというのは、自然なリンクのことよ。便利で有益なコンテンツを作ると、ユーザーが勝手にブログやサイトで紹介してくれて、被リンクができる。

その結果、サイトの評価が高くなる。そのための『コンテンツSEO』なのよ。

RS ウサギファンブログ

メニュー

ぬいぐるみ
昨日、届きました！

こんな感じねっ。

なるほど…
がんばって
よいコンテンツ
を作ります！

187

この章でやること ≫≫

コンテンツ SEO とは何かを知ろう

コンテンツ SEO について知る

「コンテンツ SEO」の考え方を知りましょう。コンテンツ SEO を実践するには、様々な人の協力が必要となります。会社内でよく打ち合わせをしましょう。

STEP ❶ ナチュラルリンクについて知る

「ナチュラルリンク」と「相互リンク」の違いや、ナチュラルリンクの重要性と価値を知りましょう。また、どのような増やし方があるのかを知りましょう。

➡ P.192 参照

STEP ❷ 便利なコンテンツを作る

ユーザーにとって「便利なコンテンツ」を作成することにより、サイトの価値が高まり、それがナチュラルリンクを増やすことにつながります。「リンク集」「Q&A」「用語集」を作成する必要性について説明します。

➡ P.194 参照

STEP ❸ 希少価値の高いコンテンツを作る

「希少価値の高いコンテンツ」を作成することにより、さらに多くのナチュラルリンクを増やすことが可能です。具体的な事例と、動画コンテンツの作成について説明します。

➡ P.196 参照

第5章 コンテンツSEOをしよう！〜ナチュラルリンクを得よう

STEP ❹ 商品や会社の信頼を高める

年々、商品の安全性が重視されてきています。画像や詳しい説明により、商品や会社の信頼を高めることが必要です。生産者の画像表示による効果とその必要性について説明します。

➡ P.200 参照

STEP ❺ 画像やデザインを考える

コンテンツの価値やイメージを高めるという点で、またユーザビリティという点で、デザインや画像は重要な役割を果たします。

➡ P.204 参照

STEP ❻ コンテンツのアイデアについて考える

作成したコンテンツがユーザーに評価され、ナチュラルリンクを集められるかどうかは、アイデア次第です。いくつかのコンテンツのアイデアを提案します。

➡ P.206 参照

STEP ❼ ブログからの集客を強化する

集客用として作成したブログを Twitter や Facebook と連携させます。また拡散が期待できるソーシャルボタンの設置方法について説明します。

➡ P.208 参照

それでは、実際にコンテンツ SEO を始めましょう！

第5回目の会議をしよう

コンテンツの内容やデザインを話し合おう

コンテンツSEOについて知ろう

　ここからは、最新でありかつ王道のSEO対策である「コンテンツSEO」について説明します。今や、「内部対策」「外部対策」だけで検索順位を上げることは困難な時代となりました。被リンクがただ多ければよいというわけではなく、「質の高いリンク」が求められます。明らかに業者から購入したような被リンクでは、ペナルティを受けてしまうこともあります。「質の高いリンク」というのは、ページランクの高いサイトからのリンクということもそうですが、もう1つ、普通のユーザーから自然に得られたリンクということです。普通のユーザーからのリンクをもらうには、あなたのサイトを、ユーザーにリンクしてもらえるような、便利で面白いサイトにする必要があります。こうした**「良質なコンテンツを作る」ことが「コンテンツSEO」**なのです。

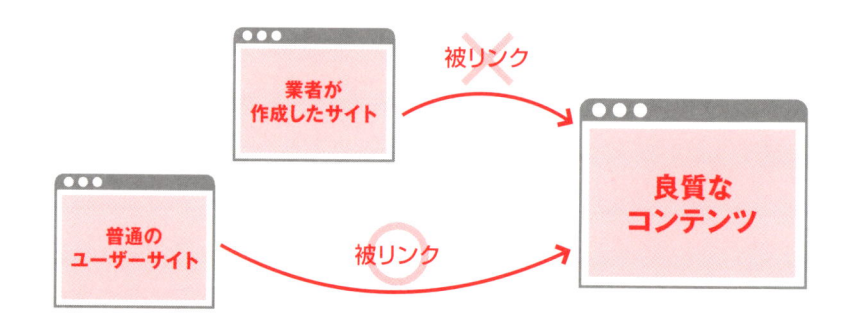

● コンテンツ SEO のポイント

❶情報を更新しよう

常に新しい情報を発信しましょう。新しい情報があるときはもちろん、何もないときでもブログなどで発信しましょう。

❷ユーザビリティの高いサイトにしよう

デザインは自己満足ではなく、ユーザーが見やすい、使いやすいサイトにしましょう。

❸便利なページを作成しよう

例えば「用語集」や「リンク集」など、ユーザーがリンクしてくれたりブックマークしてくれるような便利なページ＝コンテンツを作りましょう。

会議をして各担当者に協力を依頼する

　会議では、どのようなコンテンツを作成するべきかを話し合う必要があります。それには、商品知識が必要です。例えば個々の商品ページの充実や、商品の特集ページ、スタッフブログ、動画ページなどを高いクオリティで作る必要があります。これには各部署の担当者に、これまでよりもさらに深く協力してもらう必要があります。

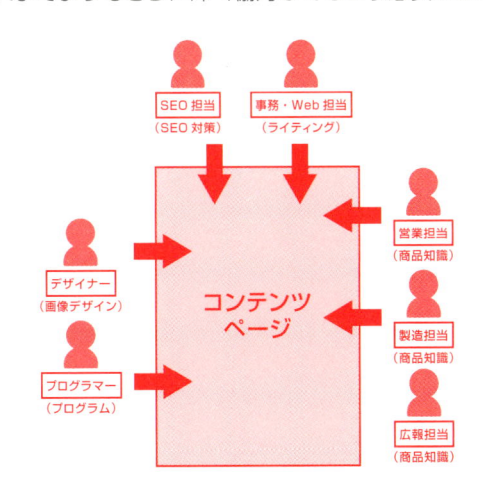

```
          SEO担当    事務・Web担当
          (SEO対策)   (ライティング)
                ↓        ↓
                               営業担当
                               (商品知識)
                                  ↓
  デザイナー   →   コンテンツ
  (画像デザイン)       ページ     ←  製造担当
                                  (商品知識)
  プログラマー →
  (プログラム)
                               広報担当
                               (商品知識)
```

第5章 ▶ コンテンツSEOをしよう！ ～ナチュラルリンクを得よう

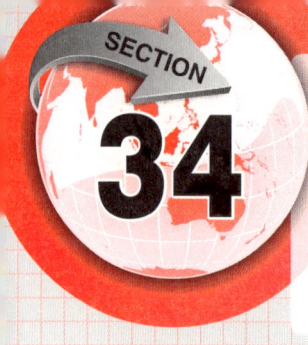

SECTION 34 ナチュラルリンクについて知ろう

🔍 ナチュラルリンクを増やす

　現在のSEO対策は、単純に「被リンクの数が多ければよい」という時代ではありません。それどころか、リンク元のサイトによってはペナルティになってしまう場合さえあります。**ナチュラルリンクを集めるというのが、これからのSEO対策**になります。

　「ナチュラルリンク（Natural Link）」とは、ユーザーが自発的に張ってくれる、自然のリンク（外部リンク）のことです。ユーザーが「便利だな」「面白いな」など、有益な情報だと感じて、自分のサイトやブログ、SNSなどにリンクを張ってくれることです。これは相互リンクではなく、「ユーザー→あなたのサイト」への一方的なリンクです。よいコンテンツを作る→ユーザーがリンクを張ってくれる→良質なリンクが増える→検索エンジンの評価が上がる→検索順位が上がる、という仕組みです。現在の検索エンジンは、

- 「業者から購入したようなリンク」は評価しない、ひどいときはスパム扱い
- 一般ユーザーからのリンクは評価する

という基準でサイトを評価しています。ですから、ナチュラルリンクを増やす取り組みが、SEO対策として必要となるのです。

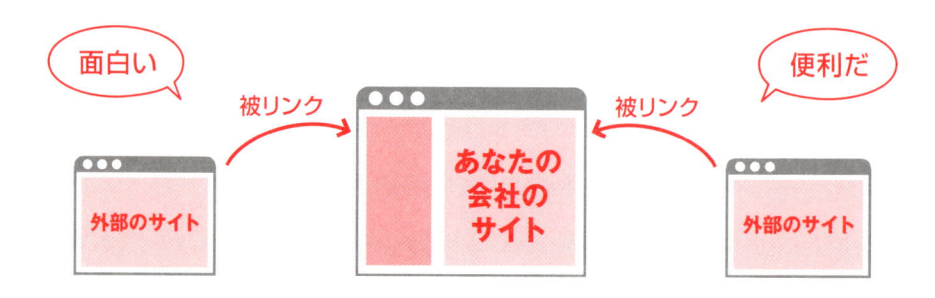

ナチュラルリンクの特徴

　Googleの言う、自然に人気を獲得した結果できるナチュラルリンクとは、どのようなリンクのことでしょうか。ここではナチュラルリンクの特徴について説明します。

❶ IPアドレス・ドメイン分散
結果的にIPアドレス・ドメインが異なるサイトからリンクを受けることになり、SEO対策上有効な効果が出ます。

❷ アンカーテキストペナルティになりにくい
アンカーテキストペナルティとは、自動生成して大量作成したリンクに対するペナルティです。これは自作自演のリンクを防ぐためのものです。同じテキストによる同じリンクの張り方があまりにも多い場合、ペナルティとして順位が落ちてしまう可能性があります。それに対してナチュラルリンクの場合、リンクの張り方にばらつきが出ると思われます。そのためペナルティを受けにくく、評価を上げることになります。

❸ 集客効果が上がる
各サイトの管理者が「便利だ」「自分のサイトに関連がある」「面白い」などと思ってリンクしてくれるのですから、集客効果も望めます。関連サイトからのリンクであれば、同じ目的や趣味のユーザーが流れてきやすいですし、ブログなどで紹介されれば、クチコミ効果も狙えます。

> ナチュラルリンクはSEO対策としても有効だけど、それだけでなく集客効果もあるんだね！

SECTION 35

第5章 ▶ コンテンツSEOをしよう！〜ナチュラルリンクを得よう

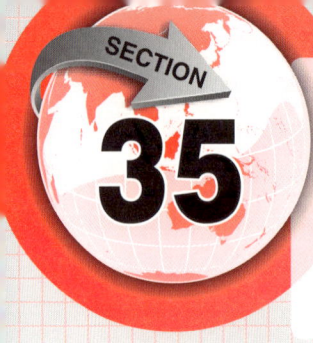

便利なコンテンツを作ろう

🔍 Googleに評価されるコンテンツを作る

　サイトを利用する**ユーザーにとって便利なコンテンツを作ることによって、ユーザーのサイトに対する評価が上がります**。それにより、ユーザーからのナチュラルリンクを期待することができます。コンテンツの例として、3つの案を紹介します。

● リンク集を作る

　検索してもあまりにたくさんのサイトが検索結果に表示されてしまう中で、目当てのサイトを片っ端から探すよりも、信頼できるサイトのリンク集から探したほうが早いという考え方があります。サイトと関連のあるサイトへのリンクは、ユーザーにとって便利なコンテンツになります。

● 用語集を作る

本文で1つ1つ専門用語や業界用語を説明すると文章が読みにくくなるので、用語集があると便利です。また、そのページは用語でのLPO対策にもなります。

```
┌─────────────────────────┐      ┌─────────────────────────┐
│ INDEX    スポーツ用語集    │      │ INDEX    スポーツ用語集    │
│ [50音順]  [     ] 検索    │      │ [50音順]  [     ] 検索    │
│                         │      │                         │
│ あいうえお  【あ】          │      │ あいうえお  【あ】＞アディショナルタイム│
│ かきくけこ  アーリーエントリー │      │ かきくけこ  アディショナルタイム│
│ さしすせそ  合気道着       │      │ さしすせそ  （あでぃしょなるたいむ）│
│ たちつてと  アイコンタクト   │      │ たちつてと  ●意味：       │
│ なにぬねの  足パッド        │ ┄┄┄▶│ なにぬねの  サッカーにおける用語で、プレー│
│ はひふへほ  アセンダー      │      │ はひふへほ  ヤーの交代や負傷したプレー│
│ まみむめも  アディショナルタイム│      │ まみむめも  ヤーのアピール、怪我の程度の│
│ やゆよ     アップホールライン │      │ やゆよ     判断、負傷したプレーヤーの搬│
│ らりるれろ  アマチュア       │      │ らりるれろ  出などにより空費された時間を│
│ わをん     アマチュアリズム  │      │ わをん     指す通称。以前はロスタイムと│
│           アメフトボール    │      │            称していた。       │
│                         │      │ ●用例：                  │
│                         │      │ 後半のアディショナルタイムに│
│                         │      │ 逆転ゴールが決まった！     │
└─────────────────────────┘      └─────────────────────────┘
```

● Q&A を作る

サイト訪問者がサイトを利用するためのナビとして、「サイトマップ」や「メニュー」などがありますが、これだけでは商品の具体的な使い方や購入方法、サービス内容などについてはわかりません。そのような場合に便利なのが「Q&A」や「よくあるご質問」です。また、過去のお問い合わせ内容を記載することにより、「お問い合わせ窓口」への負担を減らしたり、対応をスムーズにするという効果も狙えます。サイトや商品・サービスに関連がある文章を書くことにより、サイト全体のSEO効果も上がります。

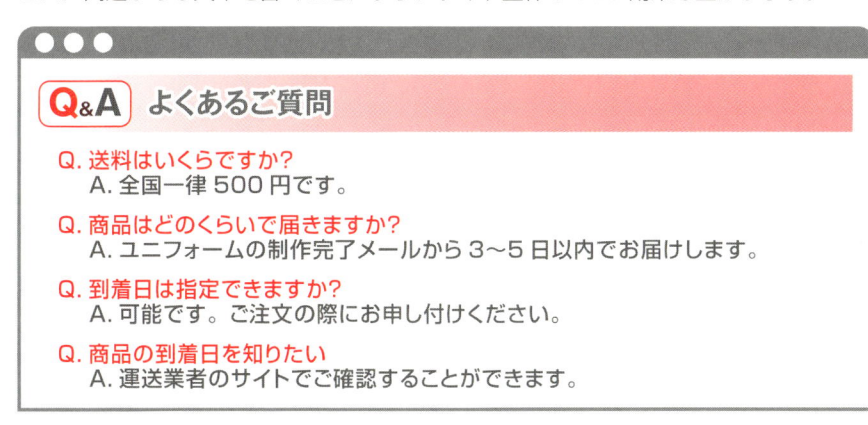

```
┌─────────────────────────────────────────┐
│ Q&A  よくあるご質問                         │
│                                         │
│ Q. 送料はいくらですか？                      │
│   A. 全国一律500円です。                    │
│                                         │
│ Q. 商品はどのくらいで届きますか？              │
│   A. ユニフォームの制作完了メールから3〜5日以内でお届けします。│
│                                         │
│ Q. 到着日は指定できますか？                   │
│   A. 可能です。ご注文の際にお申し付けください。  │
│                                         │
│ Q. 商品の到着日を知りたい                    │
│   A. 運送業者のサイトでご確認することができます。 │
└─────────────────────────────────────────┘
```

SECTION 36

第5章 ▶ コンテンツSEOをしよう！〜ナチュラルリンクを得よう

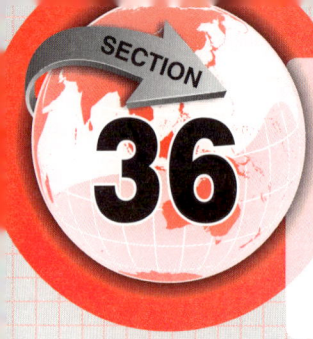

希少価値の高いコンテンツを作ろう

動画やスタッフブログを作成する

　コンテンツSEOの目的は「ナチュラルリンクをもらう」ということです。相互リンクではなく**自発的なリンクをしてもらうためには、サイトやコンテンツがなんらかの評価を受けることが必要**です。そのために希少価値の高いコンテンツを作成しましょう。ここではコンテンツの例として、動画コンテンツの作成例をご紹介します。

　希少価値の高いコンテンツとして作成した動画は、動画サイトや自社サイトに設置しましょう。宣伝という目的においては、自社サイトだけでなく動画サイトにもアップするほうがよいでしょう。

　「YouTube」は、Googleが運営する世界的に有名な動画サイトです。中には、自作の動画をアップして、そこから多額の広告収入を得ているユーザーも存在します。非常に多くのユーザーがいますので、YouTubeの動画から自分のサイトへユーザーを誘導することが狙えます。

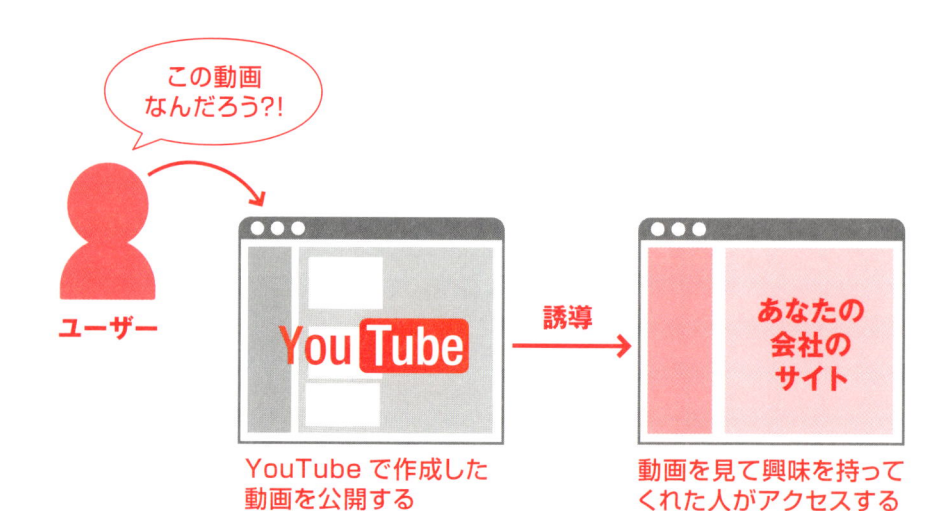

この動画なんだろう?!

ユーザー

YouTubeで作成した動画を公開する

誘導

あなたの会社のサイト

動画を見て興味を持ってくれた人がアクセスする

動画コンテンツのアイデア

動画の内容として、企業のサイトであれば以下のようなものが挙げられます。

●商品の紹介映像

写真のみでは、その商品の裏側や内部、細かい部分、使い方などを見せるのに限界があります。そこで動画を使用することで、商品の詳細を伝えられます。また、使用している様子などは、文章で説明するよりも数倍わかりやすくなります。

●商品の製造の様子

可能な範囲で商品の製造過程を公開することにより、商品の安全性や信頼を高めることができます。

●イベントの様子

キャンペーンのイベントやモニター、試食会などの様子を伝えるのにも、動画は便利です。

●商品の活用方法

食品関連の企業などは、商品を使ったレシピを公開しています。食品以外でも、その商品を使った便利な使用方法などでコンテンツが作成できます。

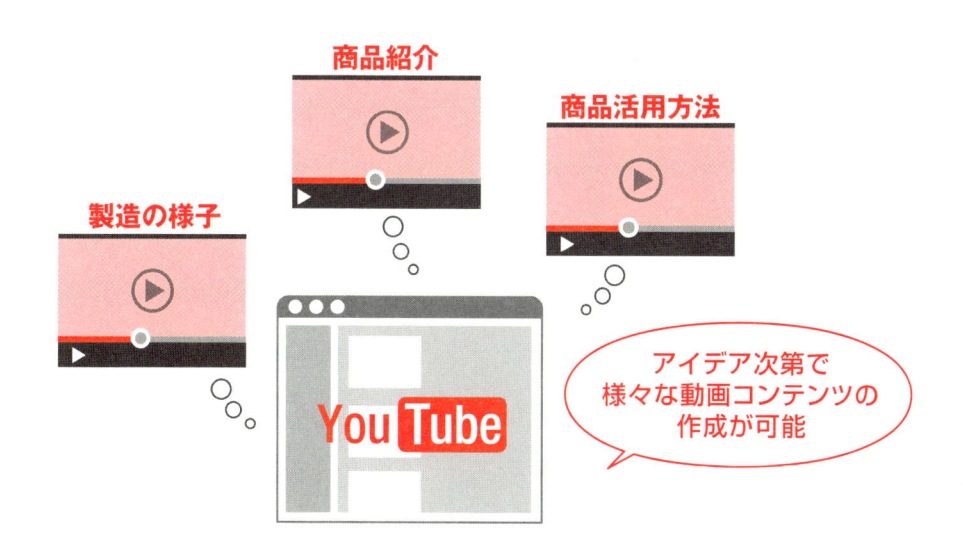

アイデア次第で様々な動画コンテンツの作成が可能

YouTubeに動画をアップする

それではYouTubeに動画をアップする手順をご紹介します。Googleアカウントが必要ですので、あらかじめ取得しておきましょう。

❶ 動画を撮影、作成します。

❷ 「YouTube」（http://www.youtube.com/）にログインし、「アップロード」をクリックします。

❸ 「アップロードするファイルを選択」をクリックし、パソコン内の動画を選択します。

❹ 動画のアップロードが開始されます。「タイトル」「説明」「タグ」を入力し、「カテゴリ」を選択します。入力した情報は、自動的に保存されます。

❶入力する
❷選択する

❺アップロードした動画が公開されます。

SECTION 37

第5章 ▶ コンテンツSEOをしよう！ 〜ナチュラルリンクを得よう

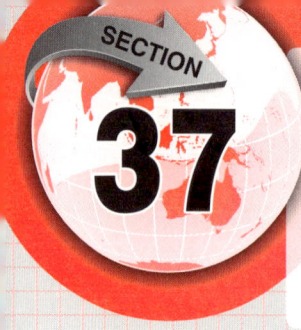

プロフィールページを充実させよう

🔍 プロフィールページの効果

　ユーザーとしてサイトを見る場合、「このサイトの運営者はどのような人物か」ということはとても興味があります。それだけではなく、ビジネスサイトにおいて、サイト**運営者の情報は、ユーザーの信頼を得るための重要な情報**となります。サイト運営者の情報がきちんと表示されており、人物として信頼を得られれば、商品や会社への信頼も増すことになります。

　例えばスーパーで売られている有機野菜のパッケージに、生産者の顔写真が貼られた商品を見たことがありませんか？　野菜（生鮮食品）については、名称と原産地の明記は義務となっていますが、それだけではなく生産者の名前や顔写真も商品に記載し、「顔が見える」ということで消費者に安全性をアピールしています。そしてユーザーも、このような情報が公開されることにより、商品や会社に対する信頼感が高まり、商品を購入しています。

プロフィールページの例

≫ 「深野酒造株式会社 ショッピングサイト」
URL http://www.shop-fukano.jp/hpgen/HPB/entries/2.html

>> 「らでぃっしゅぼーや」
URL http://corporate.radishbo-ya.co.jp/safety/check.html

　あなたのサイトの商品が食品でないとしても、この理屈は当てはまります。実際にWebサイトで販売者の写真を掲載し始めたところ、注文が増えたというエピソードは多々あります。

　もしあなたのサイトで売られている商品が、職人さんが作っているような商品だったら、職人さんの写真を掲載するとよいでしょう。また、実店舗がある場合はそのスタッフや店舗の写真を載せる、ネットショップであればその担当者の写真を載せることも効果的です。

▲ 製造責任者を載せているページ例

プロフィールページのポイント

今やユーザーから会社や商品への信頼を得るためにも、プロフィールを作成することは必須とも言えます。安心感や誠実さを与えるプロフィールページを作成しましょう。プロフィールページ作成のポイントは、次の通りです。

●顔写真

サイトを訪問したユーザーは「どんな人が作っているんだろう？」「どんな人が記事を書いているんだろう？」ということに興味があります。生産者やWeb担当者の顔写真を掲載しましょう。できれば笑顔で写っていると、よりユーザーは好感を持つと思います。

●データ・情報

名前や所属など、生産者やWeb担当者がどのような人物かわかる情報を掲載しましょう。

> **例**
> 名前：千葉勝子　年齢：24歳　所属：製造部

●パーソナル情報

ユーザーに好感を持ってもらえるような個人情報を少しだけ入れるとよいです。ただし、ここではあまりふざけないようにしましょう。信頼を損なわないように注意してください。

> **例**
> 趣味：サッカー観戦　好きなサッカーチーム：バルセロナ　好きな食べ物：餃子

● **メッセージ**

ユーザーに直接、信頼性、安全性などを訴えるメッセージを書きましょう。

> **例**
>
> 「オーダーしていただいたユニフォーム背番号を担当しております。皆様に満足していただけるよう、心をこめて作業しています。」

● **製造の様子など**

これは、別のコンテンツとして作成してもよいのですが、製造の過程などの写真や説明を掲載するとより好感が持たれますし、商品に対するユーザーの理解も深まります。

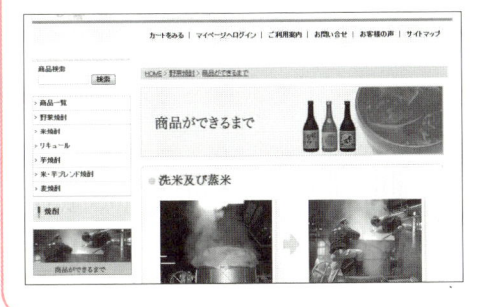

> **例**
>
> 》「商品ができるまで　深野酒造株式会社　ショッピングサイト」
> URL http://www.shop-fukano.jp/hpgen/HPB/entries/3.html

> コンテンツの質を向上させるという意味では、プロフィールページを充実させることはとっても大事なことなんです！

第5章 ▶ コンテンツSEOをしよう！ 〜ナチュラルリンクを得よう

SECTION 38 サイトデザインを工夫しよう

🔍 サイトのデザインを見直す

　以前のSEO対策では、画像に書いてあるテキストは検索エンジンが認識しないため、「いかに画像を減らしテキストにするか」という葛藤がありましたが、「コンテンツを重視する」という最近の傾向を考えると、**画像・デザインの役割は対ユーザーという観点において重要**です。また同じく対ユーザーにおいて、使いやすい、便利なサイトデザインにすることの重要性も高まってきています。次のような観点で、サイトデザインの見直しを行ってみましょう。

● 画像を入れよう

サイトにおける画像、写真の役割は大きく、画像によってサイトのイメージが大きく変わります。ブログなどは、画像がある記事とない記事とでは、画像のある記事のほうが圧倒的に読まれる傾向にあります。

● サイト内検索の機能をつけよう

たくさんの商品を扱っているサイトでは、どこにどの商品があるのかがわかりにくくなり大変不便です。サイト内検索機能をつけて、検索できるようにすると便利です。

● お問合せや申し込みのボタンを考える

「商品購入」や「お問合せ」や「登録」といったボタンは、企業にとってもユーザーにとっても非常に重要です。しかし、せっかく問合せや注文をしようとユーザーが思ったのに、そのボタンが目立たず見つけてもらえなかったらどうでしょうか？　大変な機会損失となります。そこで、あなたのサイトのボタンを見直してみましょう。

　　場所：なるべくページの上のほうに配置しましょう。
　　大きさ：大き目がよいですが、やり過ぎない大きさで。

色：あまり地味な色は避けましょう。

形：四角よりも丸の方がよいとされています。

▲ 問合せボタンが目立たない例

▲ 目立つ問合せボタンを載せた例

SECTION 39

第5章 ▶ コンテンツSEOをしよう！〜ナチュラルリンクを得よう

コンテンツSEOアイデア集

🔍 ナチュラルリンクを増やすためのコンテンツSEOアイデア

　これまで「ナチュラルリンクを増やすためによいコンテンツを作成しよう」と説明してきました。それでは、実際にはどのようなコンテンツを作ればよいのでしょうか？ここまででリンク集、Q＆A、用語集、動画などを提案してきましたが、それ以外にも以下のようなコンテンツが考えられます。

●最新の情報
「日本代表戦現地観戦レポート」など、話題となっているテーマのコンテンツをタイムリーな時期に上げればリンクされやすいでしょう。ユーザーが求めている情報を上げるのがポイントです。

●情報
Sec.35「便利なコンテンツを作ろう」に挙げた以外にも、ユーザーにとって便利な情報、役に立つ情報などはリンクをされるコンテンツとなります。例えば「パンダアップデート、ペンギンアップデートという名前は、白黒はっきりさせることを目的に、色が白黒のパンダ、ペンギンというところから名前がついた」……のような豆知識的な情報です。こういったものは引用されやすく、リンクされやすいです。

●プレゼント
定番では壁紙や待ち受け画像ですが、その他景品や割引サービスなどのプレゼントもよいでしょう。

●交流
独自の掲示板やSNSなどで、ユーザーが交流できる場所をサイト内に設けます。

● **このサイトでしか見られない情報**

他の人が知らない、あなたの会社しか知らないような豆知識などがあればそれは財産です。会社や商品の情報も、社外秘でないものでしたら、それを公開してみるのも1つの手です。

● **笑える記事**

これはブログ向きですが、読んだユーザーが思わず笑ってしまうエピソードがあれば書いてみるとよいです。最近では、エイプリルフールに大手企業サイトなども面白いばかばかしいネタをやっています。ただし、くれぐれもやり過ぎないようにご注意ください。会社の看板を背負っているのですから、会社の信用を落とさない程度の表現にしましょう。

● **よい話・感動できる話**

「笑える」内容だけではなく、よい話・感動できる話もエンターテイメントとして需要があります。商品の製作秘話や、会社のこれまでの歴史などからよい話・感動できる話などがあれば公開してみましょう。

● **キャラクターを作る**

販売促進の一環として、サイトや商品のマスコットキャラクターを作成し、宣伝に使うという方法もあります。

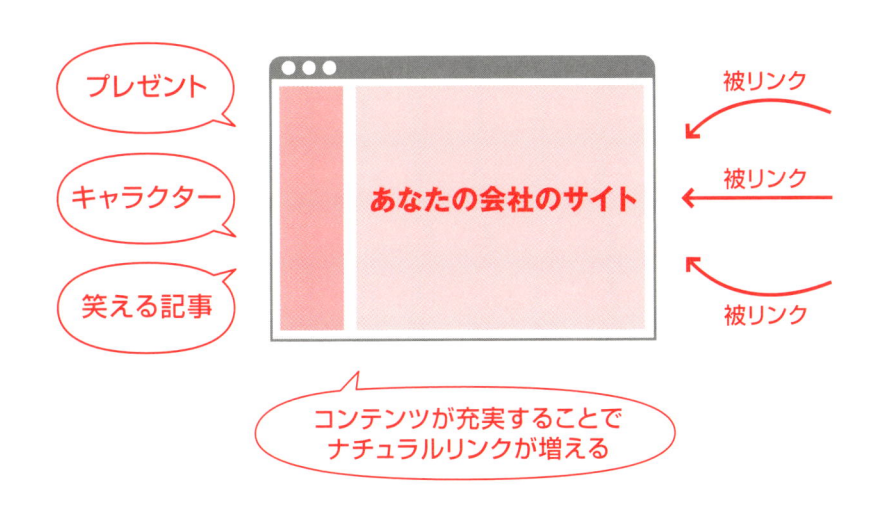

プレゼント
キャラクター
笑える記事

あなたの会社のサイト

被リンク
被リンク
被リンク

コンテンツが充実することでナチュラルリンクが増える

SECTION 40

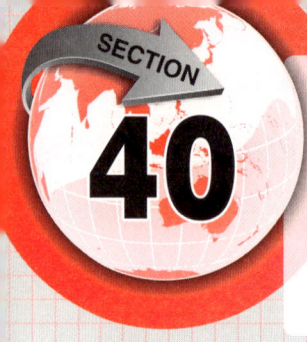

第5章 ▶ コンテンツSEOをしよう！〜ナチュラルリンクを得よう

集客用のブログと
各サービスを連携させよう

🔍 ブログと SNS を連携させる

　ブログでのさらなる集客アイデアとして、記事を書いた際に、Twitter や Facebook などにも自動的に書き込まれるようにすることができます。ここでは Seesaa ブログと各サービスを連携させる手順を説明します。

❶あらかじめ Twitter、Facebook にログインしておきます。

❷Seesaa ブログにログインし、管理画面の「設定」→「外部連携」をクリックします。

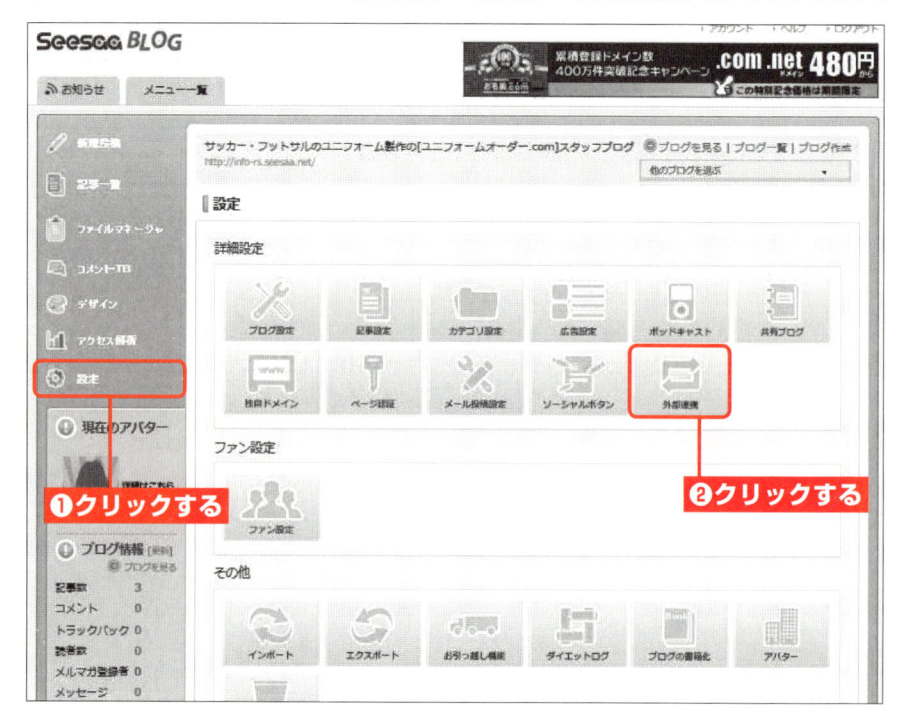

❶クリックする
❷クリックする

❸ まずは Twitter と連携させます。「Twitter の認証を行う」をクリックします。

[画像：Seesaa BLOG 外部連携設定画面。「Twitterの認証を行う」に「クリックする」の注釈]

❹ 認証を求めてきますので「連携アプリを認証」をクリックします。

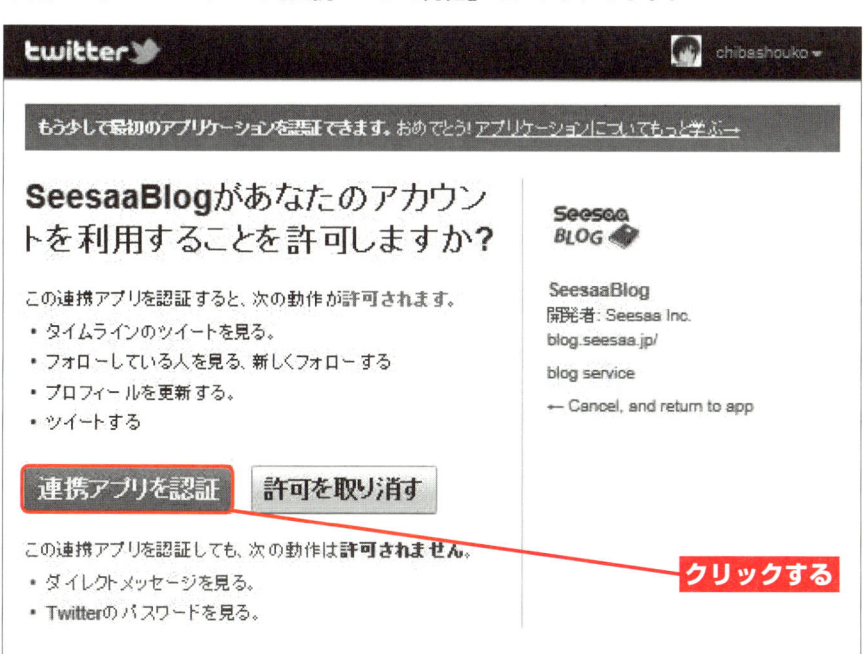

[画像：Twitter の連携アプリ認証画面。「連携アプリを認証」ボタンに「クリックする」の注釈]

❺これで Twitter との連携が完了しました。「記事投稿時に Twitter に投稿」の部分を「する」に設定すると、ブログ記事を書いたときに自動的にツイートされます。

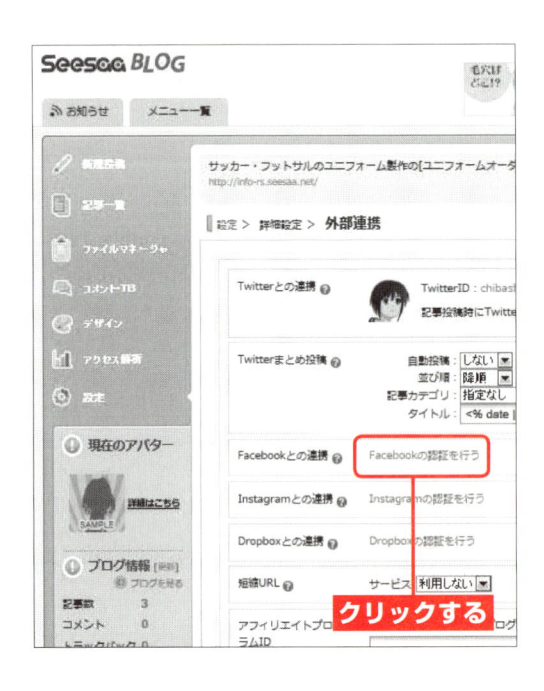

❻ 続いて Facebook との連携をさせます。「Facebook の認証を行う」をクリックします。

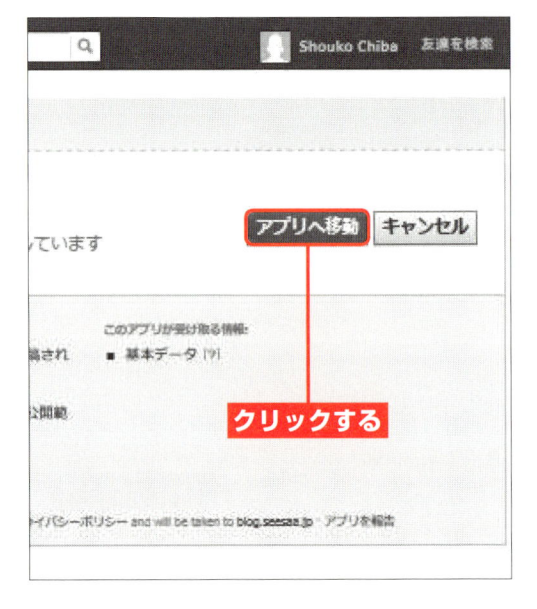

❼ 確認画面になりますので、「アプリへ移動」をクリックします。

❽ 許可の画面になりますので、「許可する」をクリックします。

クリックする

❾これでFacebookとの連携が完了しました。「記事投稿時にFacebookに投稿」の部分を「する」に設定すると、ブログ記事を書いたときに自動的に投稿されます。

ページにソーシャルボタンを設置する

　最近ではサイトのページやブログ記事をソーシャルサービスで紹介する、ということが当たり前になり、その作業がしやすいようにページやブログ記事にボタンが設置されるようになりました。ソーシャルサービスにログイン中にボタンをクリックすると、そのページの URL が投稿入力欄に自動的に表示されます。また、ログインしていない場合はログイン画面が表示されます。ここでは Twitter を例に、サイトにソーシャルボタンを設置する方法を紹介します。

❶ ページをツイートするボタンを設置する

❶ Twitter にログインします。

❷ Twitter のボタン設置サイト（https://twitter.com/about/resources/buttons#tweet）にアクセスします。

❸ 右下のコードをコピーして、あなたのサイトに貼り付けましょう。

❹ ページをツイートするボタンが設置されました。

❷ Twitter アカウントをフォローしてもらうボタンを設置する

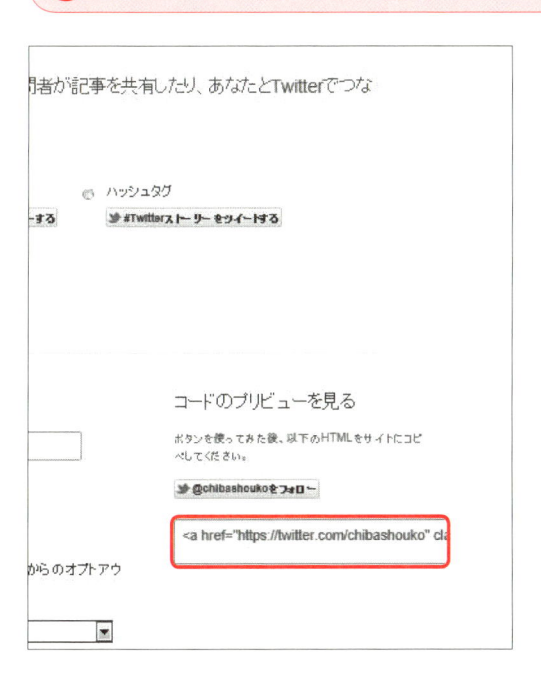

❶ Twitter にログインします。

❷ Twitter のボタン設置サイト（https://twitter.com/about/resources/buttons#follow）にアクセスします。

❸ 右下のコードをコピーして、あなたのサイトに貼り付けましょう。

❹ Twitter アカウントをフォローするボタンが設置されました。

第 5 章　まとめ

この章でやったことをチェックしよう！！

- [ ] コンテンツ SEO とはどのようなものかを理解しましたか？
- [ ] どのようなコンテンツを作成するか話し合いましたか？
- [ ] ナチュラルリンクについて理解しましたか？
- [ ] ナチュラルリンクの増やし方について理解しましたか？
- [ ] 便利なコンテンツとして Q&A を作りましたか？
- [ ] 便利なコンテンツとして用語集を作りましたか？
- [ ] 希少価値の高いコンテンツによる効果を理解しましたか？
- [ ] 動画コンテンツは作成しましたか？
- [ ] プロフィールページは作成しましたか？
- [ ] サイトのデザイン・画像について話し合いましたか？
- [ ] サイトのデザイン・画像は修正できましたか？
- [ ] ブログと SNS との連携はできましたか？

これで本書の解説はすべて終了です！
おつかれさまでした！

半年後

お久しぶりです！
順位はどう？

千葉さん！

おかげ様で
10位以内を
キープして
います。

コンテンツSEOとして作った
マスコットキャラクターや
サッカーコラムが好評で、
ナチュラルリンクが
増えたんですよ！

へぇ〜っ

ユーザーにうける
コンテンツがあれば、
自然とリンクが増えるものよ。

勝子
久しぶりぃ〜。

社長がお呼び
ですわっ。

ま、まさか
……？

社長室

我が社が
Sなんとか…を
始めて半年。

おかげ様でユニフォーム
オーダーの受注が半年前に
比べて2倍になった。

これは千葉さん……
あなたのおかげだと
思っております。

いえいえ、私はSEO対策の
コンサルタントです。
あくまで私は指導した
までで…。

実際に作業してくれた
谷口くん、

そして社員の皆さん。

何より私の指示を承認
してくださった
部長と社長……。

みんなで力を合わせて
努力したからこその
結果だと思います。

そうか……
そうだな。
これからも
よろしく頼むぞ。

はい！よろしく
お願いいたします。

まずは基本の SEO 対策をしたこと、次にスモールキーワード（2 ワード）にしたこと、そして LPO 対策、さらにはコンテンツ SEO……
と、これらが積み重なって今があるのよ。
いやぁ……こんなに業績が上がるとは。
そうですよね…気をつけないと。
これで気をゆるめちゃダメよ。
基本的にはグレーゾーンの対策はしていないけど、Google は日々進化し、
サイトを評価する基準を変更し続けているわ。いつペナルティになったり、大きく順位が下がるかわからないの。
はい。今までコツコツと努力したかいがありました！
検索エンジンのスパム判定については、いつも最新の情報をチェックするようにね。
はい！
今まで教えたのはペナルティになるような対策ではないから安心して。
でも、くれぐれも調子に乗ってキーワードを詰め込んだり、過剰な対策をしないようにね。
はい、気をつけます！

唯一の王道は『コンテンツSEO』。ユーザーにとって、有益なコンテンツを作ること、これを忘れないようにね。

はい！

今回いい結果が出たので、もしかしたら社長が予算を出してくれるかもしれないわね。

そうなったら、SEO業者に依頼して被リンクを増やすことも可能になるわね。

そうですね、さらに強化したいですね。

SEO業者はたくさんあるし、中にはよくない業者もあるから選ぶのは慎重にね。

はい、気をつけます。

ぴたっ

……SEOって楽しいよね！

はい！まったくSEOは最高だぜ！！

Index
SEO対策用語集

● アクセス解析 ➡ P.86 参照

Webサイトのアクセス状況を集めて分析するためのプログラムや、分析する行為自体のことです。代表的なアクセス解析プログラムに、Googleアナリティクスがあります。Googleアナリティクスでは、アクセス数の他、検索されたキーワードやユーザー情報など、様々なデータを知ることができます。

● アドワーズ広告

Googleが運営する、「キーワード連動型クリック課金広告プログラム」のことです。検索結果やコンテンツに応じたキーワードに基づいて、内容に即した広告が表示されます。効果的なWeb広告として、多くの企業に利用されています。

● アンカーテキスト ➡ P.72 参照

HTMLファイルの中で、<a>タグで囲まれた、テキストリンクのことです。「アンカーリンク」とも言います。リンクを指定されたテキストは、検索エンジンに「重要なキーワード」として認識されます。

● インデックス ➡ P.50 参照

検索エンジンが収集した、「Webページのデータベース」のことです。「インデックスされる」とは、Webページがこの検索エンジンのデータベースに登録されることを言います。

● 外部リンク ➡ P.138 参照

外部サイトから、あなたのサイトに張られたリンクのことを言います。なお、サイト内部で完結しているリンクは「内部リンク」と言います。

● キーワード ➡ P.18 参照

ユーザーが検索するときに、検索エンジンに入力する言葉のことです。SEO対策は、まず「どのキーワードで順位を上げるか」を選ぶことから始まります。

● キーワードスパム ➡ P.49 参照

Webページに、キーワードを詰め込み過ぎることを言います。検索エンジンに「スパム」と判定されないよう、キーワードの入れ方には気をつけなければなりません。

● クローラー ➡ P.55 参照

検索エンジンのロボットのことです。「スパイダー」とも呼ばれます。リンクを辿ってWebサイトの巡回を行い、データを収集するプログラムです。サイトにリンク切れがあると、上手く巡回されないばかりか、価値を低く見られてしまうので注意が必要です。

● 検索エンジン ➡ P.22 参照

略称は「SE(サーチエンジン)」です。キーワードを入力して、Webサイトを検索できるサイトやサービスのことで、代表的なものに「Google」「Yahoo!」「Bing」「百度」などがあります。

● **検索エンジンスパム** ➡ P.146 参照

検索エンジンやユーザーにとって、不適切だったり関連性が低いにも関わらず、意図的に検索結果の上位に表示されるように作られたページのことです。

● **コンテンツ** ➡ P.190 参照

Web ページの中で、ユーザーにとって価値があるページ、テキスト、カテゴリなどのことです。ある意味「SEO の本道」とは、素晴らしいコンテンツを作ることと同義です。

● **コンバージョン** ➡ P.109 参照

「目的の達成」のことです。具体的には、商品が購入されたり、ユーザー登録をされたりといったことを指します。

● **コンバージョン率** ➡ P.109 参照

サイトに訪れたユーザーの中で、コンバージョン（目的の達成）に至った人の割合のことです。Google アナリティクスでコンバージョン率を見ることができます。

● **サイトマップ** ➡ P.76 参照

一般的には、ユーザー向けに、すべてのページへのリンクが表示されているページのことを言います。SEO 対策としては、検索エンジン向けに、XML 形式などでサイト構造がまとめられたファイルのことを言います。

● **重複コンテンツ** ➡ P.175 参照

他の Web サイトやページをそのままコピーするなどして作られた、まったく同じコンテンツのことです。検索エンジンにテキストや HTML がコピーだとみなされると、スパムと判定されペナルティになってしまいます。

● **相互リンク** ➡ P.142 参照

2 つのサイトの間で、互いにリンクし合っている状態のことです。相互リンクは、基本的に「一方的な被リンクよりも価値が低い」と言われることもありますが、効果はありますし、重要な作業です。

● **代替テキスト** ➡ P.47 参照

画像の alt 属性に記入する、テキストによる説明文のことです。通常は表示されませんが、ブラウザが画像を表示しない設定の場合や、回線の状態により画像が表示できない場合に表示されます。また、目の不自由な人用のブラウザでは、画像がある場合に代替テキストを読み上げるので、ユーザビリティ的にも重要と言えます。

● **直帰率** ➡ P.111 参照

サイトにアクセスはしたものの、他のページを見ずに、別のサイトへ移動してしまったユーザーの割合のことです。

Index

● ディレクトリ （→ P.147 参照）

「Yahoo! ディレクトリ」のように、リンクを集めたサイトのことです。SEO 対策としてはディレクトリに登録されることが有効で、高い効果があります。

● ディレクトリページ

関連するページへのリンクを集めたページのことです。

● テキストリンク （→ P.72 参照）

「アンカーリンク」とも言います。画像やプログラムのコードなどと関係しない、文字要素のみからなるリンクのことです。

● パンくずリスト （→ P.82 参照）

メインコンテンツの上にある「ナビゲーションバー」のことです。これにより、ユーザーは自分が今、サイトのどこにいるのか、どうすればトップページに戻れるかを理解できます。また SEO 効果としても、テキストリンク、アンカーリンクを得ることができ、高い効果を得られます。

● パンダアップデート （→ P.148 参照）

Google が実施する検索アルゴリズムのアップデートの名称のことです。検索結果の品質を高めるために実施されています。名前の由来は、エンジニアの Biswanath Panda(ビスワナス・パンダ) 氏が携わったということからと言われています。また、「白黒はっきりさせる」というところから、色が白黒なので「パンダ」という名前がついたという話もあります。

● 被リンク （→ P.192 参照）

「バックリンク」とも言います。関連性のあるページからの被リンクは、SEO 対策上重要です。

● ブラックハット SEO

悪質な手法を用いて検索結果の上位に表示させる技術または施策のことです。スパム行為ぎりぎり (厳密にはスパムなのですが) の方法で上位に上げる、いわば「グレーゾーン」の SEO 対策のことです。

● フレーム

複数のページを一つの画面内に表示する、Web ページのしくみです。フレームを使用すると、検索エンジンが正しくサイト内 を巡回できないことがあるため、SEO 的にはよい方法ではありません。

● ページ滞在時間

ユーザーが、Web サイト内の 1 つのページを見ている時間のことです。サイト、コンテンツをしっかりと見てもらえているかの目安になります。

● ペンギンアップデート （→ P.148 参照）

Google がスパムや Google のガイドラインに違反して故意に順位を上昇させようとしている (人工リンクや隠しテキスト、キーワードの乱用など) サイトの排除を目的とした新しいアルゴリズムのことです。名前の由来は「白黒はっきりさせる」ことを目的としている「パンダアップデート」から、同じく色が白黒のペンギンにしようということになり、「ペンギンアップデート」という名前になったと言われています。

● ポータル

多くの便利な機能を集約してユーザーに提供しているWebサービスのことです。「Yahoo!」「MSN」などは、すべてポータルサイトと呼ばれます。

● ホワイトハットSEO

悪質な手法ではなく、検索エンジンの推奨している正しい手段でSEO対策をすることです。スパム行為をしないSEO対策のことです。

● ランディングページ ➡ P.108 参照

検索結果に表示されたリンクをクリックして、最初に表示されるページのことです。ランディングページを検索エンジンで上位に表示させる取り組みのことを、"LPO対策"と呼びます。

● リダイレクト

サイトが移転して新しいドメインに移ったときや、ドアウェイ（アクセスを集める目的で作成されるWebページ）を設けたときに、ランディングページを変えるために取る方法の1つです。

● alt属性のテキスト ➡ P.45 参照

「代替テキスト」のことです。HTMLで、画像につける説明文です。

● HTML

「ハイパーテキストマークアップ言語」の略です。テキストに、フォーマットやWeb機能を与える指示子の集合です。「
」や「<a></a>」などを「HTMLタグ」と言います。

● metaタグ

HTMLファイルの中で、ページに関する情報を記すための指示子です。<head>〜</head>内に記述します。metaタグの情報は、検索エンジンに対する指示や情報が多く、ページには表示されません。

● SEO(Search Engine Optimization)

「検索エンジン最適化（Search Engine Optimization）」の略です。GoogleやYahoo!などの検索エンジンの検索結果で自分のサイトを上位に表示させることで、サイトへの訪問者を増やす作業のことです。

■著者紹介
白石竜次（しらいし　りゅうじ）
SEO対策コンサルタント。
数々の企業を渡り歩き、「SEO担当者」として実績を挙げる。Ameba公認の、芸能人・有名人ブログ「おもしろサッカーSEO！」(http://ameblo.jp/arzentin/)を運営。
調理師免許を持ち、お笑い芸人、フリーライターとしても活動中。

- カバー／本文デザイン　………… リンクアップ
- 漫画／イラスト　……………… 永山たか
- DTP　……………………… リンクアップ
- 編集　…………………… 大和田洋平、リンクアップ

- 技術評論社ホームページ ……… http://book.gihyo.jp/

■お問い合わせについて
本書の内容に関するご質問は、下記の宛先までFAXまたは書面にてお送りください。なお電話によるご質問、および本書に記載されている内容以外の事柄に関するご質問にはお答えできかねます。あらかじめご了承ください。

〒162-0846
新宿区市谷左内町21-13
株式会社技術評論社　書籍編集部
「世界一わかりやすい　SEO対策　最初に読む本　〜内部＆外部対策からコンテンツSEOまで！」質問係
FAX番号　03-3513-6167

※なお、ご質問の際に記載いただいた個人情報は、ご質問の返答以外の目的には使用いたしません。
　また、ご質問の返答後は速やかに破棄させていただきます。

世界一わかりやすい　SEO対策　最初に読む本　〜内部＆外部対策からコンテンツSEOまで！
2014年2月5日　初版　第1刷発行

著者　　　白石竜次
発行者　　片岡巌
発行所　　株式会社技術評論社
　　　　　東京都新宿区市谷左内町21-13
　　　　　電話　03-3513-6150　販売促進部
　　　　　　　　03-3513-6160　書籍編集部
印刷／製本　日経印刷株式会社

定価はカバーに表示してあります。

本書の一部または全部を著作権法の定める範囲を越え、
無断で複写、複製、転載、テープ化、ファイルに落とすことを禁じます。

©2014　白石竜次

造本には細心の注意を払っておりますが、万一、乱丁（ページの乱れ）や落丁（ページの抜け）がございましたら、小社販売促進部までお送りください。送料小社負担にてお取り替えいたします。

ISBN978-4-7741-6151-8　C0004
Printed in Japan